广东省级以上
水产良种场名录

吴郁丽　何志超　主编

海洋出版社
2023年·北京

图书在版编目（CIP）数据

广东省级以上水产良种场名录 / 吴郁丽，何志超主编. — 北京：海洋出版社，2023.3
ISBN 978-7-5210-1081-7

Ⅰ. ①广… Ⅱ. ①吴… ②何… Ⅲ. ①水产养殖－良种－广东－名录 Ⅳ. ①S96-62

中国国家版本馆CIP数据核字(2023)第037650号

责任编辑：杨　明
责任印制：安　森

海洋出版社 出版发行
http://www.oceanpress.com.cn
北京市海淀区大慧寺路 8 号　　邮编：100081
鸿博昊天科技有限公司印刷　　新华书店北京发行所经销
2023年3月第1版　　2023年3月第1次印刷
开本：787 mm × 1092 mm　1 / 16　印张：14.5
字数：235千字　定价：90.00元
发行部：010-62100090　邮购部：010-62100072　总编室：010-62100034

《广东省级以上水产良种场名录》编委会

序

我国是世界第一的水产养殖大国，广东省是我国第一水产养殖大省，也是我国最重要的水产种苗生产和销售基地。草鱼、鳜鱼、罗非鱼、南美白对虾等多个品种苗种产量位居全国前列。2021 年，广东省水产品总产量 884.52 万吨，其中水产养殖产量 756.81 万吨，占全省水产品总产量的 85.56%。鱼类苗种产量 8010.22 亿尾，其中淡水鱼苗产量 7966.59 亿尾，占全国比重 59.67%；海水鱼苗 43.63 亿尾，占全国比重 43.92%。虾类育苗 5519 亿尾，占全国比重 32.63%。各类苗种产量超过 1.3 万亿尾，约占全国 44.56%。

近年来，广东省渔业部门积极开展水产良种体系建设，截止到 2021 年 12 月底，全省共有国家级水产良种场 5 家、省级以上水产良种场 62 家。国家级、省级水产良种场生产的苗种品种有：草鱼、鲫鱼、鳜鱼、罗非鱼、黄颡鱼、三角鲂、尖塘鳢、胭脂鱼、淡水白鲳、鲻鱼、石斑鱼、四指马鲅、暗纹东方鲀、鲷科鱼类、石鲈科鱼类、南美白对虾、斑节对虾、罗氏沼虾、珍珠贝、东风螺、鲍、中华鳖、乌龟、金钱龟、黄喉拟水龟、大鲵等 30 多个品种。建立起水产种质资源保护和利用、水产新品种研发和推广、品种评价和苗种质量管理为框架的水产良种体系。

“十四五”期间，广东省各级渔业主管部门高度重视种业振兴工作，合理布局水产良种培育、优质种苗生产体系，重点开展主导品种良种场建设。已将《广东省水产苗种管理办法》纳入 2022 年的立法计划，为保护和合理利用水产种质资源，加强水产苗种管理，提高水产苗种质量，提供法规依据，促进广东省水产养殖业和水产苗种的可持续发展。

《广东省级以上水产良种场名录》一书系统地介绍了广东国家级、省级水产良种场的起源，品种特点，繁育技术体系和推广应用成果。该书内容全面，图文并茂，可读性和实用性强，对于了解广东省水产种业种质资源、新种质创制、苗种培育、运输和物流具有很好实践指导作用，可为水产养殖、水产育种工作者提供有价值的资料。

林浩然

中国工程院院士

中山大学生命科学学院教授

2022 年 8 月

目 录

全国十大罗非鱼苗种供应基地——国家级广东罗非鱼良种场 …… 1
坚持走生态养殖之路——国家级广东东莞中华鳖良种场 …… 6
南美白对虾高抗虾苗领航者——国家级广东湛江南美白对虾良种场（海茂）…… 12
育繁推一体化优势企业——广东湛江恒兴国家级南美白对虾良种场 …… 18
年产优质罗非鱼苗超10亿尾——广东伟业罗非鱼良种有限公司 …… 22
致力选培育石斑鱼良种——广东省农业技术推广中心海洋渔业试验基地 …… 25
“建威牌高丰鲫”受欢迎——广州市建波鱼苗场有限公司 …… 31
优质种苗畅游“一带一路”国家——广东五龙岗水产科技发展有限公司 …… 36
国内首批河鲀鱼源养殖基地——广东金洋水产养殖有限公司 …… 39
“禺山”罗非鱼声名远扬——广州市番禺区农业科学研究所 …… 43
稳步增长的新型苗种企业——广州市一帆水产科技有限公司 …… 48
促娃娃鱼资源恢复——广州华宝珍稀水产养殖有限公司 …… 53
斑节对虾新品口碑好——珠海长丰水产种苗科技有限公司 …… 46
入选粤港澳大湾区“菜篮子”名单——珠海市斗门区添源果牧有限公司 …… 60
全国首个批量繁育四指马鲅良种场——珠海龙胜省级水产良种场 …… 64
走现代农业发展之路——珠海德洋黄鳍鲷省级良种场 …… 69
广东唯一海藻良种场——汕头紫菜省级良种场 …… 75
开发自主知识产权新品种——佛山市三水白金水产种苗有限公司 …… 80
年繁育优质鱼苗超120亿尾——佛山市南海百容水产良种有限公司 …… 83
已申报4个国家新品种——广东梁氏水产种业有限公司 …… 87
推进名优种苗繁育和养殖示范——佛山市三水顺华源水产有限公司 …… 90
设施完善的现代化水产基地——韶关市三角鲂省级良种场 …… 93
粤北地区草鱼良种供应中心——韶关始兴县水产良种场 …… 97
打造金钱龟养殖高地——惠州李艺省级金钱龟良种场 …… 102

培育优质鳜苗，引导产业健康发展——广东鳜鱼良种场 ……108
全国最大中华鳖良种供应基地之一——惠州财兴省级中华鳖良种场 ……112
年孵化培育鱼虾苗 38 亿尾——阳江市阳西县康顺虾苗场 ……116
广东重要的渔业高新技术企业——阳江市渔乡子水产科技实业有限公司 ……120
粤西实力雄厚的海水种苗良种场——湛江腾飞东风螺场 ……123
大型现代化良种繁育基地——湛江粤海水产种苗有限公司 ……128
专注优质对虾苗培育 23 年——湛江徐闻县海源养殖有限公司 ……134
广东首家省级对虾良种场——湛江市东海对虾良种场 ……137
广东省首批优质对虾良种场——广东省省级湛海对虾良种场 ……140
最早引进和推广南美白对虾——雷州海威省级对虾良种场 ……145
优质虾苗游向全国各地——湛江海兴农省级对虾良种场 ……152
中国首家对虾加工上市企业——湛江国联省级对虾良种场 ……158
“众利牌”虾苗高产高效——遂溪县众利水产有限公司 ……162
国家水产健康养殖示范场——广东省省级国兴对虾良种场 ……166
辐射带动近万对虾养殖户——湛江遂溪好仕达对虾良种场 ……172
专注海洋生物育种的现代渔企——广东金阳生物技术有限公司 ……176
父子接力打造罗非鱼良种场——高州市百联水产种苗有限公司 ……180
22 年专注对虾良种繁育——茂名滨海新区新养水产有限公司 ……184
年繁育淡水白鲳苗逾 20 亿尾——茂名茂南粤强良种繁殖有限公司 ……189
助力茂名成为“罗非鱼之都”——茂名市三高渔业发展有限公司 ……194
广东省重要斑节对虾良种场——茂名滨海新区粤闽水产有限公司 ……197
自主品牌“粤隆 1 号”口碑好——饶平县少华水产科技有限公司 ……201
良种选育经验丰富——饶平石鲈科鱼类省级良种场 ……204
坚持良种、良法、绿色发展——饶平县晟源水产育苗场 ……207
打造现代化鳜良种体系——清远市清新区宇顺农牧渔业科技服务有限公司 ……212
淡水白鲳苗种供不应求——普宁市鱼苗养殖场 ……217

全国十大罗非鱼苗种供应基地——

国家级广东罗非鱼良种场

国家级广东罗非鱼良种场，位于广州市南沙区东涌镇大稳村，占地580亩[①]。始建于1993年，1998年经农业部验收，确定为国家级水产良种场，是农业部和原广东省海洋与渔业局投资建设的首批国家级水产良种场，全民所有制，直属于广东省农业农村厅。

该良种场是国家特色淡水鱼产业技术体系广州综合试验站、出入境水生动物备案场、第一批现代渔业种业示范基地，是国内第一家取得全球水产联盟颁发BAP资格认证的单位。该场获得过多项国家科技进步奖、省部级科技进步奖及多项国家发明专利，被评为“全国十大罗非鱼苗种供应基地”，注册的“广特超”罗非鱼商标被评为“消费者信赖品牌”。

广东罗非鱼良种场航拍图

①亩为非法定计量单位，1亩≈666.67平方米。

创立近30年经历多次改革

广东罗非鱼良种场于1993年注册成立，注册资金370万元，出资单位是原广东省海洋与渔业局。同年经广东省机构编制委员会批复成立事业单位，核定事业编制10名。2000年经广东省机构编制委员会批准，将“广东罗非鱼良种场”更名为“广东省淡水名优鱼类种苗繁育中心”，为正处级建制，核定自筹经费的事业编制30名；开办资金1713万元。2013年根据广东省机构编制委员会办公室文件精神，“广东省淡水名优鱼类种苗繁育中心”单位名称更名为“广东省渔业种质保护中心”，公益三类，正处级，核定事业编制30名，经费自理。2018年新一轮事业单位改革，广东省渔业种质保护中心和广东罗非鱼良种场转隶广东省农业农村厅，由广东省农业技术推广中心直接管理。

推广研究员、国务院特殊津贴专家叶卫是该良种场的创立者，也是广东罗非鱼良种场原场长。他长期在生产第一线从事水产养殖科研和技术推广工作，较系统全面地掌握了淡水鱼类的人工繁殖、苗种培育、成鱼养殖等技术，尤其是在名优新品种人工繁育、工厂化育苗和工厂化养殖方面造诣较深。他在任职期间，除完成国家下达的纯种尼罗罗非鱼、奥利亚罗非鱼和鲮鱼的选育和保种任务外，还承担省水产良种引进、试验和推广工作，共开发了20多个名优品种，特别是经过精心选育的吉富尼罗罗非鱼和奥利亚罗非鱼，提供给省内外种苗场作亲本，所生产的良种罗非鱼苗约占放养量的30%，产量达15万吨，全部达到加工出口的要求，产值达十多亿元，推动了罗非鱼产业的发展，经济和社会效益非常显著。

种苗质量优良，技术成果不断

近年来，广东罗非鱼良种场承担渔业种质资源的保种、引种及相关科研工作，承担水生珍稀濒危鱼类的养护和境外引进水产品种的隔离防疫养殖试验工作，承担水产原（良）种苗和人工增殖鱼苗的培育工作，承担国家华南地区罗非鱼、鲮鱼的种质保护和良种选育，开展水产名优品种的人工繁殖、绿色健康高效养殖技术、现代养殖模式的研究示范以及从事罗非鱼良种选育、苗种生产和技术推广等工作。

良种场设备精良。工厂化养殖车间约10000平方米；育苗车间有6个；推水养殖设施50亩；尾水处理系统30亩；实验室2500平方米；还配备了基因工程实验室、

生产图

食用鱼类研究室、观赏水生动物研究室、珍稀水生动物研究室、种质分析室、水质分析室、鱼病室、罗非鱼研究室等。在科研设施和设备上，为适应较高的发展要求，配备了先进的科研仪器设备。拥有高分辨率生物显微镜、解剖镜、倒置显微镜、细胞培养仪、紫外分光光度计、高速离心机、PCR 仪、水质分析仪、细菌鉴定仪、全自动水质监测和养殖控制系统等，仪器设备总投入资金 500 多万元。目前良种场所拥有的先进仪器设备，基本能满足进行育种研究、种质检测和各类鱼病检查、培养、药物筛选等工作需要。

良种场还依托中山大学、上海海洋大学、广东海洋大学、华南农业大学、仲恺农业工程学院、南海水产研究所、珠江水产研究所等院校和科研单位作为技术后盾，长期保持良好的“产－学－研”技术合作。近年来良种场在罗非鱼领域已获得国家科技进步二等奖 1 项、省部级科技进步一等奖 3 项，其中“新吉富罗非鱼选育及其推广应用”项目获得 2007 年度上海市科技进步一等奖，“罗非鱼产业良种化、规模化、加工现代化的关键技术创新及应用”项目获得 2009 年度国家科技进步二等奖，“罗非鱼良种选育与产业化关键技术”项目获得 2009 年度广东省科技进步一等奖；申请国家发明专利 6 件、获得授权专利 3 件，注册了“广特超”罗非鱼商标。

该场还在设施设备、养殖技术等方面取得了一系列创新性成果：2000 年建成国内首套自动化养殖系统，获得农业部杜青林部长，齐景发、牛盾、范小健等副部长的肯定；2006 年，在国际上独创物理转性方法生产全雄性罗非鱼苗种，2008 年申请了国家发明专利，并获得专利授权；2006 年，首创工厂化循环水高密度育苗技术培育罗非鱼苗种，单位水体出苗率比常规技术高 20 倍，2008 年申请了国家发明专利；2008 年，首创罗非鱼全人工控制繁殖技术，实现按需生产罗非鱼苗种和常年供应，2012 年申请了国家发明专利，并获得专利授权；2009 年，首创与家庭住宅相结合的工厂化养鱼模式，为渔业行业增加新的亮点，2012 年申请了国家发明专利。

良种场所获得的荣誉纷至沓来。1996 年获农业部科技进步三等奖；2003 年获得农业部丰收奖二等奖；2007 年获得上海市科技进步一等奖；2009 年广东省科技进步一等奖；2009 年国家科技进步二等奖；2015 年获广东省农业技术推广二等奖。2001 年省直工委授予“文明单位”称号；2003 年省委、省政府授予“文明单位”称号；2005—2007 年度省直工委授予“文明单位”称号；2007 年获得中国水产流通与加工协会颁发的“中国罗非鱼行业突出贡献奖”；2008 年被评为省海洋与渔业系统“救灾复产工作先进集体”；2009 年被中国水产流通与加工协会评为“中国十大罗非鱼苗种供应基地”；2015 年被中国（广州）国际渔业博览会组委会评为“最具影响力品牌奖”。2016 年被中国水产年度大会授予“鲲鹏奖 · 中国水产业值得信赖苗种品牌”荣誉称号。

“广特超”罗非鱼受市场欢迎

作为“广特超”罗非鱼种苗唯一生产企业，广东罗非鱼良种场独创物理方法转性技术，改变了国际通用的性激素处理转性技术，使罗非鱼苗的雄性率达到 99.7%，确保了罗非鱼产品的质量，大大提高了国际竞争力，已获得国家发明专利（专利号 ZL200810029160.3）。工厂化高密度循环水技术育苗，确保全年都有苗种供应。由于繁殖和育苗都在人工控制条件下进行，既确保了苗种质量，又能实现按需生产，常年都有种苗供应，满足养殖户的需求。该场提供的种苗包括水花、夏花（7 朝规格）和越冬苗（4 ~ 6 厘米）采用直销和经销两种方式提供给养殖户。为预防假冒，该场在包装袋上印刷了“广特超”商标名称及包含 GTC 字母的商标图案。

“广特超”罗非鱼主要养殖特点：(1) 生长快，亩放养 2500 尾规格为 3 ~ 4 厘米的鱼种，养殖 6 个月平均体重可达到 1000 克以上；(2) 体高、头小、背厚、出肉率高，深受加工厂的欢迎；(3) 抗病力强。适宜在水质较肥的池塘养殖，耐低氧，养殖成活率可达到 90% 以上；(4) 初次性成熟时间较迟，广东地区常规气候条件下，雄鱼初次性成熟约5个月，雌鱼约6个月，比其他罗非鱼迟了1～2个月，更有利于罗非鱼的生长。

广东罗非鱼良种场从1994年开始与上海海洋大学李思发教授合作，从国际水生生物资源管理中心（ICLARM）引进的吉富尼罗罗非鱼（GIFT）品系第三代为基础群（F0），从1996年开始，经十年系统选育出超级良种“新吉富”罗非鱼，该良种具有生长快、抗病力强、出肉率高等特性。其F8于2006年经全国水产原良种审定委员会审定为新品种，登记号GS-01-001-2005，并由农业部公告（第641号）推广养殖。在新吉富的基础上，该场开展了进一步的选育，获得了经济性状和养殖效果更加优良的罗非鱼品种，并注册了“广特超”商标。

该场实现了人工控制罗非鱼常年繁育技术按需生产“广特超”罗非鱼种。全面采用冬季和春季在亲鱼塘搭盖塑料大棚保温，可保证塑料大棚内的池塘水温比露天池塘的水温高8～10℃。每口亲鱼塘面积2700～3400平方米，水深2～2.5米，配备2台水车式增氧机，同时使用空气压缩机通过微孔管进行池塘底部增氧，每20亩亲鱼塘配备1台5千瓦空气压缩机，保证亲鱼塘溶氧充足，并加强对大棚内池塘水质进行监测和调控，确保水质良好，提高出苗率。在盛夏的高温季节，通过在亲鱼塘上盖遮光网，可有效降低池塘水温2～3℃，提高亲鱼的产卵率、受精率和孵化率，同时还可减少亲鱼的死亡率。遮光网选择黑色尼龙网，遮盖面积为鱼塘的1/3最佳。

该场严格执行苗种培育操作规程和苗种质量监测管理，对育苗池增设控温设备和循环过滤设备，采取加温措施培育种苗，提高成活率和提早供苗。全面采用循环水工厂化育苗和网箱育苗技术，大幅度提高出苗率；采用物理转性技术，改变了国际通用的性激素处理转性技术，雄性率高达99.7%，该技术已获得国家发明专利（专利号ZL200810029160.3）。既保证了雄性率和产品质量安全，又可以出售较小规格鱼苗，满足标粗场的需求。为了提高苗种质量，良种场一直坚持执行鱼苗强制淘汰制度，通过过筛去除同批次小规格苗种，每批鱼苗淘汰率达5%～10%。在鱼苗培育过程中，经常进行水质的检测和病虫害的防疫。每批鱼苗在出售以前都要进行雄性率的检测和鱼病的检疫，要求雄性率达到98%以上，车轮虫、指环虫、小瓜虫等寄生虫不得检出。确保每一批鱼苗的质量达标，为养殖户提供健康合格的苗种。

坚持走生态养殖之路——国家级广东东莞中华鳖良种场

广东绿卡实业有限公司，创建于1987年7月，原名东莞市虎门综合开发公司，1997年改名为广东绿卡实业有限公司。该公司从小到大，从单一到集约化发展。1993年，国家科委批准为国家星火高效农业示范区。1994年，国家计委批准为外向型农业示范区。1995年，国务院发展研究中心市场经济研究所确定为中国最大的中华鳖开发基地。1997年东莞市委授予东莞市三高农业示范基地。1998年广东省海洋与渔业局评审批准为省级中华鳖良种场。1999年农业部渔业局评审批准为国家级中华鳖良种场。2005年、2011年、2016年、2021年通过复查。2003年广东省人民政府授予绿卡中华鳖种苗为广东省名牌产品。2003年农业部认证绿卡中华鳖为首批无公害水产品。2003年绿卡牌中华鳖种苗获广东省名牌产品。

广东绿卡实业有限公司总裁周广荣是北京对外经济贸易大学法学学士，中南财经政法大学法学硕士研究生。他组建广东绿卡农业集团有限公司，先后投资近亿元，经过近十年的建设和发展，把一个粗放型农业企业，建设成为一个集“科、教、农、工、贸、旅”于一体，以龟鳖为主导产业，进行良种选育、种苗繁育、商品龟鳖无公害养殖、功能饲料配套、产品深加工、科技服务的规模化、集约化、产业化、生态型的现代农业企业集团。

加大良种繁育推广

广东绿卡实业有限公司自1999年9月13日获国家级水产良种场资格，命名为广东绿卡中华鳖良种场。于2016年11月通过资格复查合格，予以换发验收合格证。广东绿卡实业有限公司现有经营土地面积为3300亩，分为东莞虎门、谢岗、惠州博罗横河三大生产片区。中华鳖良种场位于谢岗现代农业生态园，占地1576

亩，于 2016 年 11 月通过农业部批复国家级水产良种场资格复审。生产产地地处省级农业产业园——东莞市谢岗现代生态农业产业园，是农业部水产健康养殖示范场、广东省中华鳖标准化示范区、广东省菜篮子工程绿卡水产基地、广东省特色水产养殖示范基地。

而广东绿卡实业有限公司创办于 1987 年，是一家集现代农业、工业、商业和综合服务业于一体的集团式企业。公司以中华鳖、乌龟为主导产业，进行良种选育、种苗繁育、商品无公害养殖、专用饲料配套、科技跟踪服务。企业高级技术人才、生产人员的技能以及鳖苗、龟苗、商品鳖、商品龟产能均高居全国龙头地位。

多年来，良种繁育推广及生态型养殖思路使企业得到了长足的发展和进步，产品档次不断提升，企业核心竞争力日趋增强，经营效益不断攀升。该公司获批为国家级中华鳖良种场，省级乌龟良种场。绿卡乌龟获评为广东省十大名牌广东名水产品，中华鳖获评广东渔业种业十大名优品种，绿卡中华鳖、乌龟被认定为省名特优新农产品。绿卡牌中华鳖种苗、中华鳖、乌龟苗、乌龟连续获得“广东省名牌产品”称号。“绿卡”商标评为广东省著名商标。中国国际农产品交易会，绿卡中华鳖获得渔业专业展会金奖，绿卡乌龟获得展会金奖。绿卡牌中华鳖被评为“中国名鳖”，成为广东省较有影响力可追溯水产品生产企业。全国龟鳖评比大赛，绿卡中华花龟雌龟、雄龟双双荣获“龟王”“龟后”，绿卡黄喉拟水龟、黄缘盒龟名列头茅。

广东绿卡中华鳖良种场以市场为导向，以科研为支撑，提供优质亲本为宗旨，带动农户致富为中心，常年进行良种选育、种苗繁育、商品养殖、饲料配套、科技服务于一体化的生产经营活动。公司设有专业服务网站“绿卡龟鳖网”，为让客户了解龟鳖最新动态提供互动平台。先后独立完成科研项目 8 项，合作完成 8 项，获省科技进步奖3项，全国农业丰收奖1项，中华农业科技奖1项，省农业推广奖3项，市科技进步奖4项。《绿卡牌中华鳖配合饲料研制及应用》《鳖主要疾病防治的研究》等科研项目，获广东省科学技术进步三等奖两项，“淡水龟养殖产业化关键技术的研究与应用”项目喜获广东省人民政府颁发的2010年度广东省科学技术奖励二等奖，并获得2010—2011年度中华农业科技奖，中国水产科学研究院科技进步奖一等奖。“龟类养殖产业化关键技术应用推广”由广东绿卡实业有限公司主要完成，喜获2008—2010年度“全国农牧渔业丰收奖”农业技术推广成果二等奖。

打造“良种供给、技术指导、产品回收”经营模式

在良种产业化经营中，注重发挥辐射功能，该公司打造了“良种供给——技术指导——产品回收”的经营模式。公司于2016年建造了集实验、培训、研究及生产功能于一体的综合大楼，主要用于养殖户的技术培训和系列水产服务。为了保证公司生产的苗种质量与后续产品质量，专门选派技术人员参加水产动物苗种检疫精准监测实验室技能培训班，培训其成为水生动物病害防治员并进行鉴定后持证上岗。除给予定期培训和提供优质苗种外，公司还专门派技术人员上门进行免费养殖技术指导和跟踪服务，及时解决基地养殖户在生产过程中出现的各种养殖技术难题。

公司聘请技术依托单位，与广东科学院产学研合作建立广东省生物资源应用研究所龟鳖类良种繁育研究台站，建立中山大学生命科学学院产学研基地、建立华南农业大学海洋学院教学实践基地、成立中国水产科学院珠江水产研究所龟鳖特种水产养殖示范基地，新建广东省农业科学研究院动物卫生研究所东莞水生动物协同创新基地。全面深化与水科院、省科院、省农科院、国内高校的战略合作，形成了各类创新主体、高端创新资源加快集聚的态势，引领产业链向高端跃升。在谢岗大厚湖现代生态农业产业园基地，从养殖中华鳖开始建立了省级农业标准化示范区——广东省中华鳖标准化示范区，并购置先进机械设备，设计完工和运行16栋共38000平方米东莞市中华鳖循环温棚育苗池减少生产成本，进行良种场技术更新改造和园区配套三化（绿化、硬化、美化）建设，重点完成了用于成品销售的200平方米吊水暂养池和苗种销售的2700平方米标粗培苗池。此外，承担

了省级菜篮子基地农产品质量安全体系建设项目绿卡水产品质量安全示范点建设项目，建立企业首席质量官制度，成立绿卡质量标准管理领导小组，组建东莞市渔业质量监督检验站绿卡检测室，定期监测检验基地的养殖环境、生产投入品、产品质量。成立全国首家渔业企业科协——广东绿卡实业有限公司科学技术协会。参与国家科技部国家科技支撑计划“珠江流域高产精养殖池塘健康养殖技术集成与示范”；重点进行良种的跟踪、检测和鉴定，以中华鳖为代表，建立高效的繁殖、孵化技术，并优选培育出国家水产新品种中华鳖“珠水1号”，促进中华鳖养殖产业的发展，使中华鳖养殖成为广东省的特色产业之一。“中华鳖养殖标准化示范区建设与示范推广”获广东省农业技术推广一等奖，“简易棚膜增加温技术在龟鳖类的应用与推广”获广东省农业技术推广二等奖，“供莞水产品基地龟鳖良好养殖技术研究与示范”获广东省农业技术推广三等奖。

自繁自养中华鳖“珠水1号”

广东绿卡中华鳖良种场销售优质种苗和亲本，“绿卡”牌中华鳖种苗是由国家级中华鳖良种场——广东绿卡实业有限公司，于20世纪90年代选购原产洞庭湖的野生中华鳖，经人工养殖、驯化、逐代选育、提纯复壮，形成中华鳖生态特征明显，质地优良，种质纯正，抗逆性强，饲料转化利用率高等优点，适宜于我国中华鳖主养区养殖。公司通过自繁自养，选育扩繁良种中华鳖“珠水1号”，2019年6月，广东省海洋与渔业技术推广总站邀请有关专家对中华鳖“珠水1号”新品种申请材料进行了审查，认为该品种亲本来源清楚，选育目标明确，技术路线合理，测试数据详实，同意推荐申报水产新品种。

中华鳖“珠水1号”选育单位是中国水产科学研究院珠江水产研究所、广东绿卡实业有限公司。亲本来源于中华鳖洞庭湖水系野生群体，2019年12月11日通过全国水产原种和良种审定委员会现场审定，2020年6月16日，农业农村部渔业渔政管理局进行了国家水产新品种公示。2020年8月20日，农业农村部发布中华人民共和国农业农村部第324号公告，公布了第六届全国水产原种和良种审定委员会第二次会议审议通过的14个水产新品种，中华鳖“珠水1号”水产新品种登记号：GS-01-011-2020。2021年成为广东省农业主导品种、渔业主导品种。

中华鳖“珠水1号”主要特性：(1) 生长速度快，在相同养殖条件下，中华鳖“珠水 1 号”比未选育中华鳖洞庭群体体重生长速度提高 11.1% ~ 13.9%；(2)裙边宽大，在相同养殖条件下，中华鳖“珠水 1 号”比未选育中华鳖洞庭群体裙边宽提高 4.9% 以上；(3) 规格更为整齐，在相同养殖条件下，中华鳖“珠水 1 号”比未选育中华鳖洞庭群体背甲宽 / 背甲长变异系数降低 19.9% ~ 22.1%。

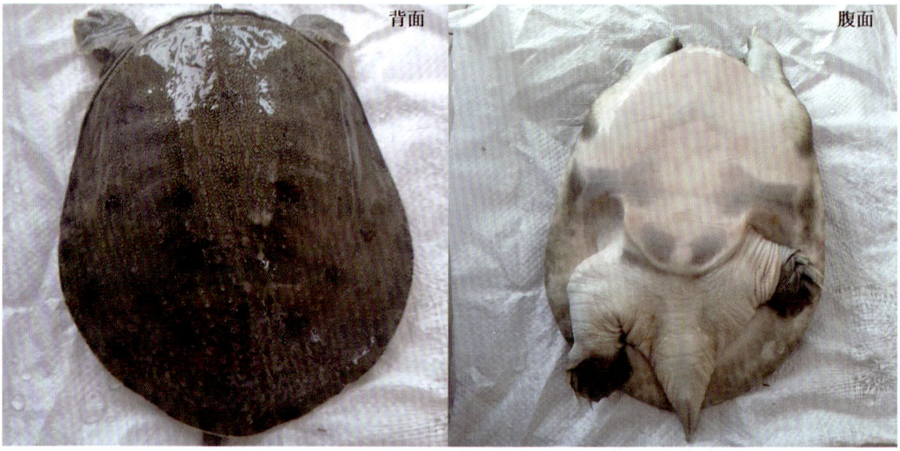

中华鳖“珠水1号”

绿卡公司坚持科学系统的中华鳖良种选育技术路线及工艺流程。在选育过程中，将原产于湖南洞庭湖纯正野生中华鳖亲鳖，严格区分，隔离和选育不同地域野生亲鳖的选育亲本，按不同的地域亲鳖的雌、雄亲本交叉搭配繁育，防止近交引起的退化或性状变异，从受精、孵化、稚鳖、幼鳖、成鳖、后备亲鳖、育苗亲鳖等七个阶段，按良种标准严格筛选，去劣留良，去杂留纯，去弱留强，去小留大，选择种质纯正质量优良的个体，分亲鳖专池培育，每代每阶段选育的良种放到各类生态环境中，例如绿卡鳖先后适应于虎门地区黄坭土质鱼塘养殖，博罗的沙石质鱼塘养殖，厚街酸性黏土塘的养殖以及麻涌咸潮倒灌珠江口淡水养殖，直到最近谢岗的中性黏壤土塘养殖，适应环境能力强，这样子一代、子二代、子三代、子四代、子五代选育下去，选育出性状稳定，生态特征明显，质量优良，抗逆性强的子五代良种亲鳖，成为南方中华鳖优良亲本种群。

公司严格按《水产种苗管理办法》制定中华鳖“珠水 1 号”良种标准进行选育；严格遵守《水产原良种生产管理规范》进行中华鳖“珠水 1 号”良种选育；严格

按照一系列的生产技术操作规程生产。公司制定了《中华鳖“珠水 1 号”养殖管理技术规范》，从中华鳖“珠水 1 号”养殖生产的特点和养殖环节出发，分析影响中华鳖“珠水 1 号”质量安全的各种生物性、化学性和物理性危害，指出其中的关键控制点，以助于采取科学的无公害新型可控生态养殖技术进行养殖生产，解决质量问题。

公司培育出的种苗，每年自身养殖占其总量 20% ~ 30%，从培苗到养殖成商品上市，技术人员全程跟踪研究，以自身养殖实践来检验苗种的质量，成功的产品推介行业养殖。江西省每年向绿卡公司引进种鳖和后备种鳖十万只以上，作为改善当地种原的一项重要措施，本省、湖南和广西壮族自治区引进的数量也在逐年增加。

公司目前已选育出子四代亲鳖 5 万只，子五代亲鳖 7.5 万只，子六代后备亲鳖 4 万只，与子一代相比均充分表现出明显良种优势。中华鳖“珠水 1 号”良种种苗具有以下优点：(1) 种苗培育期，生长速度快，成活率高，健康，病害少；(2) 良种苗用于商品鳖养殖，具有生长速度快，抗病力强，成活率高，低耗节饲，物质成本低。中华鳖“珠水 1 号”良种亲本具有以下优点：(1) 产蛋早，提前 15 天以上；(2) 性成熟时，个体大约 10%；(3) 产卵数量多 2%；(4) 受精率高 1.6%；(5) 孵化率高 1.2%。

南美白对虾高抗虾苗领航者——

国家级广东湛江南美白对虾良种场（海茂）

国家级广东湛江南美白对虾良种场（海茂）成立于2001年，于2014年10月通过国家级良种场资质审核认定。良种场占地面积350亩，由东海岛育种基地、徐闻亲虾扩繁中心、遂溪乐民种苗扩繁中心等构成。海茂是集科研、开发、推广、生产、销售、技术服务及苗种饵料销售为一体的国内大型水产种苗集团企业。该公司下设美国PRIMO种虾有限公司（PRIMO BROODSTOCK USA LLC）（佛罗里达种虾基地）、遂溪水产育种中心、遂溪种苗产业园、徐闻亲虾基地、雷州种苗及养殖实验基地、东海育种苗基地、华北亲虾育苗合作基地以及控股子公司廊坊市丰联水产饲料有限公司（卤虫卵饵料）。总育苗水体5万立方米以上，养殖面积800亩，基地总占地面积(含美国PRIMO生产基地)3000亩。

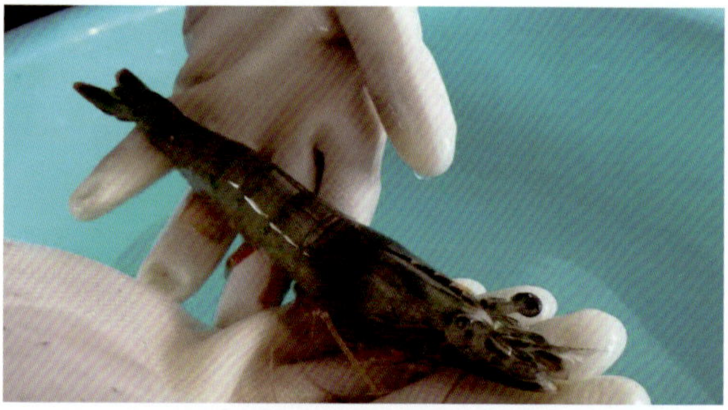

良种场年产销"普利茂"高抗力虾苗、"科里莫"和"金旺角"快大虾苗总计210亿尾以上。畅销我国华南、华东、华中、华北及东北的主要养虾区域，同时远销越南、马来西亚等国家。海茂历经30年的发展，已经从南美白对虾良种引进推广的先行者，发展成为南美白对虾良种自选、自育的领航者。

引领对虾产业向高抗稳产方向发展

海茂种业科技集团有限公司董事长陈国良，自 1984 年从山东海洋学院（现中国海洋大学）毕业后，几十年一直潜心专注于对虾育苗技术。先后从事墨吉对虾、长毛对虾、中国对虾、刀额新对虾等育苗技术工作，参与了斑节对虾人工催熟、全人工育苗技术研发，引进了台湾斑节对虾亲虾及育苗技术，并进行规模化生产。1987 年，开始组建海茂公司并积极对传统育苗系统进行技术改造和革新，创建了很多新的生产工艺和先进生产线，使该公司的产品质量一直处于全国领先，也得到了同行及主管部门的广泛认可，取得了良好的社会效益及经济效益。

良种场积极引进国外优良新品种，并与中国科学院南海海洋研究所、中国水产科学研究院黄海水产研究所合作，先后培育了“中科 1 号”“壬海 1 号”等对虾新品种；与宁波天邦股份有限公司合资注册广东海茂投资有限公司，并收购了美国 PRIMO 种虾公司，加强与国外先进种虾公司的合作；积极推广育苗新技术、新工艺、养殖新技术及推广，率先选育和引入高抗病力南美白对虾新品种，探索小池精养模式，引领我国对虾产业向稳产、高产和可持续方向发展。

选育“中科 1 号”凡纳滨对虾新品种

凡纳滨对虾“中科 1 号”新品种是良种场与中国科学院南海海洋研究所等单位合作选育而成。选育单位在 2003 年收集的 10 个不同来源的群体基础上，经过 2 代群体选育与 5 代家系选育获得。新品种的主要优点是生长速度快、标苗期抗淡化应激、成活率高、整齐度好。对比养殖试验证明，“中科 1 号”新品种比普通苗种在苗期的抗淡化应激成活率高 30.2%，生长速度快 21.8%，收获期整齐度高 7%。

适合沿海海水养殖区和内陆淡化养殖区，尤其适合河口咸淡水养殖区域。

2007—2010 年扩繁选育虾苗 6 亿多尾。先后分别在广东湛江、阳江、中山、茂名等地进行了示范养殖及推广，示范面积 1400 多亩，平均成活率提高 30%，平均单产提高 15%，养殖时间缩短 15 ~ 20 天，累计推广养殖面积 2 万多亩，养殖效益良好，受以养殖户普遍好评。

2010 年后，良种场与中国科学院南海海洋研究所胡超群选育团队继续合作，开展凡纳滨对虾的新性状选育，在“中科 1 号”凡纳滨对虾新品种核心选育群体的基础上，先后补充了南美洲凡纳滨对虾原种和其他不同种源选育群体 8 个，每年构建家系 200 个。开展适应我国本土气候条件、水文条件、养殖模式与技术条件的凡纳滨对虾选育。

经过持续九年生长速度与抗病选育的累积，选育团队不断改进原选育家系的目标性状。在保留咸淡水养殖性状优势的前提下，生长速度和抗病性等养殖性状的表现持续提升。同时，各家系性状也得到不断纯化，截至 2018 年，在原“中科 1 号”新品种的基础上，生长速度提升 20%，抗病性状提升 50%。经公司土塘低密度养殖测试，600 亩养殖面积的平均养殖成功率达到 80% 以上，平均亩产 400 千克以上（放养密度在 3 万～ 4 万尾 / 亩），养殖经济效益明显。

凡纳滨对虾“中科 1 号”新品种具有以下特点：具备良好的抗病性、生长速度快、对本土养殖环境及水文气候条件适应性强；群体选育与家系选育、分子选育技术相结合；适合低盐度等咸淡水养殖环境。

引进普利茂高抗力优良虾苗

“普利茂”凡纳滨对虾（南美白对虾）的亲虾来自美国 PRIMO 种虾公司，美国 PRIMO 种虾公司是海茂种业的全资子公司。据悉，该种源自 2001 年选育之初，就秉承提高抗病力兼顾生长速度的思路，以家系和分子标记为主要技术手段进行良种选育。持续经过 20 世代进行 WSSV、EMS/AHPND、APE（全病源攻击）攻毒选育，经美国亚利桑那大学水生动物病理实验室的“七天攻毒测试”（致死剂量），2016 年，“普利茂”亲虾 WSSV（白斑病）攻毒测试成活率 70%、EMS/AHPND 攻毒测试成活率 65%；2017 年，“普利茂”亲虾 WSSV（白斑病）攻毒测试成活率 65%、EMS/AHPND 攻毒测试成活率 60%；2018 年，“普利茂”亲虾 WSSV（白斑病）攻毒测试成活率 70%、EMS/AHPND 攻毒测试成活率 80%。“普利茂”亲虾表现出良好的抗病性；在生长速度方面，“普利茂”亲虾在最适水温和盐度的情况下，90 天养殖周期内，周平均增重 1.5 克，表现出良好的生长速度性状。

“普利茂”南美白对虾高抗力虾苗，具有高抗病性及较快的生长速度，在低密度土塘养殖模式中表现突出；能较好体现出高抗病性及生长速度快等性状，从而实现高产稳产。以土塘养殖模式为例，每亩投放 2.5 万～3.5 万尾虾苗，养殖周期为 90～120 天，平均养殖规格能达到 12～17 尾 / 千克、养殖成活率在 65%～80%、平均单产为 325～450 千克 / 亩、养殖成功率超过 70%，每万尾虾苗能实现 100 千克以上成虾产量、单位利润超 8000 元 / 亩。实现了高产、稳产，保证了良好的养殖经济效益。“普利茂”南美白对虾被评为“2019 年广东渔业种业十大名优品种”。

建立高效健康育苗技术体系

在“中科 1 号”种质资源库的基础上，良种场引进了南美系的南美白对虾种质资源以及建立海茂自有的“普利茂”高抗力种质资源。在项目成果的基础上，开展南美白对虾新品系的选育。截至 2019 年，海茂保存南美白对虾家系 100 个、保种核心群体 10000 万尾；建立起了南美白对虾育种基因库以及保种、养殖测试、家系构建、种虾扩繁、种虾养殖培育等育种环节；配套整个育种流程的隔离防疫防控体系及操作方法；建立了产学研正常运转的湛江市对虾育种工程技术研究中心。

近年来，良种场一直在育苗用水的处理系统，微藻扩繁系统和微藻在虾苗培育过程中的应用、有益微生物和生物饵料的科学使用等方面，进行了完善及产业化试验。2015 年，初步建立起了集精密水处理系统、微藻投喂、有益微生物使用等健康虾苗培育技术体系，虾苗培育质量、成活率稳步提升。2017 年，随着超滤水处理系统投入以及微藻扩繁系统产业化稳定运行，海洋微藻及有益微生物为主要育苗调技术手段的健康虾苗生态培育技术体系正式建立，平均育苗成活率达到 48% 以上，虾苗体制健壮，抗应激能力强，产业规模达到 200 亿尾以上，产值 2 亿元以上。

目前，良种场拥有“中科 1 号”南美白对虾新品种及“普利莫”（美国

PRIMO种虾公司）高抗力优良品种。据悉，海茂获得了一项广东省科学技术奖一等奖，一项广东省科学技术奖二等奖、三项湛江市科技进步二等奖；先后获得国家级对虾良种场、全国现代渔业种业示范场、农业部水产健康养殖示范场、广东省省级对虾良种场、广东省健康农业科技示范基地、广东省星火技术产业带建设示范单位、广东省农业科技创新中心、湛江市对虾育种工程技术研究中心、湛江市自主创新培育企业、2015中国南美白对虾口碑力榜10强企业、2016年年度种苗品牌、2017中国虾业最具创新力企业、2018年年度领军企业以及拥有广东省名牌产品、广东省著名商标等认证和荣誉。

实施国内国外双育种模式

自2003年开始，良种场与中国科学院南海海洋研究所等单位联合科研攻关，开展《凡纳滨对虾健康卿本选育和健康虾苗繁育技术》，先后获得湛江市科学技术奖二等奖，广东省科学技术奖二等奖，并于2005年获得广东省省级对虾良种场，“海茂牌”南美白对虾虾苗也于2009年获得广东省名牌产品。2009年，公司与广东海洋大学合作，开展《对虾高效、生态养殖关键技术集成并应用示范》科研攻关，成果获得湛江市科学技术奖二等奖，该成果经过多年的完善，形成了以水处理系统、海洋微藻及有益微生物为主，构成的南美白对虾高健康生态育苗技术体系；2009年与中国科学院南海海洋研究所等单位联合开展的《凡纳滨对虾良种选育关键技术及产业化应用》，于2010年获得“中科1号”南美白对虾新品种，2013年获得广东省科学技术奖一等奖，公司也于2014年获得国家级南美白对虾良种场，“海茂牌”南美白对虾虾苗获得广东省著名商标。科技促发展是海茂快速发展的源动力，也促进了其在种业方面锲而不舍的努力。2015年，该公司与美国PRIMO种虾公司达成战略合作，在国内独家开展“普利茂”高抗力南美白对虾虾苗的生产及销售。并于2017收购美国PRIMO种虾公司，成为国内首家拥有成熟的、经受了市场检验的高抗力南美白对虾种质资源公司，也让该公司引领国内对虾产业向高抗、稳产方向发展。在收购境外优良南美白对虾种质资源的同时，该公司实行两条腿走路，从2016年开始，在“中科1号”原有种质资源的基础上，收集美洲种源、亚洲品系，历经4个世代，在国内建立起了130个家系的南美白对虾核心育种群体。

美国公司第三亲虾基地开业剪彩

育繁推一体化优势企业——

广东湛江恒兴国家级南美白对虾良种场

广东湛江恒兴国家级南美白对虾良种场依托湛江恒兴南方海洋科技有限公司建设，是由科技部立项建设的“国家（863）计划海水养殖种子工程南方基地”，是由广东恒兴饲料实业股份有限公司投资 1.2 亿元建立的高科技企业。公司位于湛江市东海岛（中国第五大岛）东南面，占地面积 300 多亩，其中幼体、育苗车间水体 10384 立方米，种虾选育面积 150 亩，可年培育凡纳滨对虾无节幼体 300 亿尾、虾苗 60 亿尾、种虾 8 万对。公司长期与中山大学、广东海洋大学、中国海洋大学、中国科学院南海海洋所、中国水产科学研究院南海水产所等进行产学研合作，主要从事海洋经济动物亲本选育、苗种繁育及相关营养、饵料、动保等方面的技术研究和产品开发。2021 年公司入选中国水产种业育繁推一体化优势企业。

良种场负责人李色东，教授级高级工程师，全国水产标准化技术委员会海水养殖分技术委员会副主任委员，广东恒兴饲料实业股份有限公司副总裁。李色东长期在生产一线从事中国对虾、日本对虾、斑节对虾、凡纳滨对虾健康种苗繁育、养殖、管理和开发工作。对对虾育苗和高位池、半精养池、粗养池、封闭式养殖等对虾养殖模式有丰富的养殖与管理经验。

科技为本选育良种

公司坚持以科技为本，拥有员工 55 名，其中教授级高级工程师 1 名，高级工程师 3 名，硕士以上学历人员 10 名，“十一五”“十二五”和“十三五”期间，公司多次承担国家科技支撑计划项目、国家 863 计划项目及广东省重点领域研发计划项目，承担或参与了农业农村部项目“现代农业产业技术体系建设－国家虾蟹产业技术体系湛江综合试验站站长”；国家科技支撑计划项目“对虾自动化养殖设施与无公害健康养殖技术集成与示范”“对虾健康清洁养殖技术研究与应用”“南海区主要养殖鱼虾贝类品种培育技术－凡纳滨对虾良种选育技术研究”“南海区对虾高效健康养殖技术集成”；国家 863 计划项目“集约化水产养殖数字化集成系统研究与应用”；广东省海洋与渔业结转项目“抗白斑综合病毒凡纳滨对虾品系选育与扩繁应用”；广东省农业攻关项目“广东对虾产业化推进关键技术集成与示范”；广东省产学研项目“抗白斑综合病毒凡纳滨对虾品系扩繁与推广应用”；广东省质量技术监督局项目“对虾养殖 HACCP 体系标准化示范区”；广东省高校成果转化项目“抗白斑综合征病毒凡纳滨对虾品系扩繁及推广应用”；国家星火计划项目“凡纳滨对虾抗白斑综合征新品种亲本扩繁及苗种生产标准”；广东省水产良种体系建设项目“南美白对虾良种选育”、广东省科技创新战略专项资金（重点领域研发计划）项目“抗病优质凡纳滨对虾分子设计育种技术研发与新品种培育”；等等。获多项科研成果奖，其中“农业龙头企业产学研科技创新模式与示范”获广东省科技进步特等奖、“斑节对虾和凡纳滨对虾病毒病综合控制研究”获广东省科技进步一等奖、“虾蟹多营养层次绿色养殖关键技术与示范”获得山东省科技进步一等奖；“大规格优质成品对虾养殖技术”获广东省科技进步二等奖等。公司制定了 1 项国家标准《凡纳滨对虾育苗技术规范》（GB/T 30890−2014）和 4 项地方标准《凡纳滨对虾“中兴 1 号”种质标准》（DB440800 T/ 30−2010 ）、《凡纳滨对虾“中兴 1 号”亲体培育技术规程》（DB440800 T/ 31−2010）、《凡纳滨对虾“中兴 1 号”苗种繁育技术规程》（DB440800 T /32−2010）、《凡纳滨对虾“中兴 1 号”养殖技术规程》（DB440800 T/ 33−2010）。公司获得发明专利 2 项，实用新型专利 8 项，“中兴 1 号抗白斑病毒虾苗”获广东省高新技术产品。

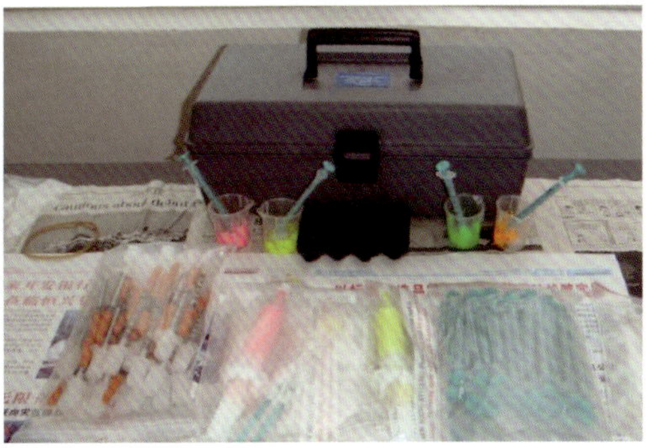

荧光标记工具

荧光标记

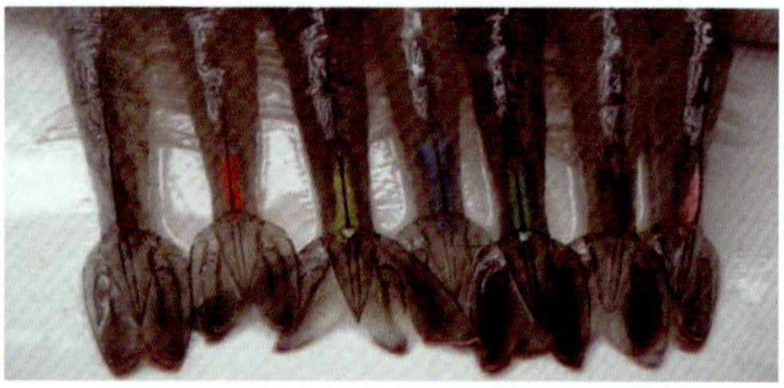
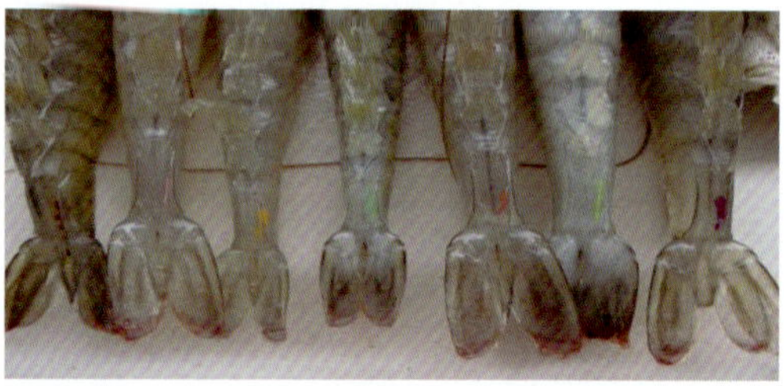

荧光标记的对虾

公司通过总结生产养殖过程中的经验与教训，结合实际情况，建立了一套完整的南美白对虾生态育苗和健康养殖的技术，邀请中山大学、中国海洋大学、广东海洋大学等单位的专家联合编制出版了《南美白对虾健康养殖技术》《对虾健康养殖实用新技术》，以通俗易懂的语言，通过讲座、培训、现场咨询、电话咨询、发放资料等形式，深入到镇、乡、村、户，在广东、广西、海南、福建、江苏、浙江、天津等地大面积推广应用，每年举办培训会十余场，培训养殖人员 600 余人次，免费发放技术资料 1200 多册。公司每年定期邀请客户到示范基地参观学习，免费举办培训会，内容包括健康养殖技术、病害防治技术、水质调控技术、生态育苗技术等，提高养殖户对健康养殖的认知程度和操作技能，带动养殖户使用优质苗种，在养殖户中保持很好的口碑。

选育南美白对虾抗病品种“中兴 1 号”

南美白对虾的养殖在水产养殖业和水产品国际贸易中占有重要的地位。随着对虾养殖业的发展，对虾病毒病的暴发流行仍然无法完全控制，其中白斑综合征（WSS）是危害最严重的病害之一。白斑综合征病毒（WSSV）感染对虾 3 ～ 10 天后会造成大量死亡，不及时处理的话，死亡率接近 100%。该病自 1992 年暴发以来，已在世界范围内传播，每年给对虾养殖业造成巨大经济损失，至今仍未得到完全控制，成为目前对虾养殖业可持续发展的主要障碍之一。1995 年，国际兽疫局（OIE）、联合国粮农组织（FAO）以及亚太地区水产养殖发展网络中心（NACA）将其列为需要报告的水生动物病毒性疫病之一，成为全球对虾养殖业面临的最严重的病害。

培育抗 WSSV 南美白对虾新品种，是解决白斑综合征（WSS）危害问题的有效途径之一。从 2002 年开始，广东恒兴饲料实业股份有限公司联合中山大学，通过 1 代群体选育和 5 代家系选育，培育出具有抗 WSSV 性状的南美白对虾“中兴 1 号”，并于 2011 年通过全国水产原良种审定委员会审定，“中兴 1 号”是国内首个获得认定的南美白对虾抗病品种，选育和推广过程中，取得了较大的社会、经济和生态效益。

公司于 2002 年自美国夏威夷海洋研究所引进南美白对虾种质，挑选其中外表无伤痕、无畸形、并经 PCR 抽检 WSSV 呈阴性的亲虾，用作下一步的选育工作。引进的南美白对虾具有生长快、饲料蛋白需求量相对低、适于集约化养殖等特点，并可全人工繁育、连续传代。

2002 年，公司从引进的南美白对虾亲虾中挑选出外表无伤痕、无畸形、经 PCR 抽检 WSSV 呈阴性的亲虾 1400 尾（雌雄各 700 尾）为基础群体，开展了 1 代群体选育和 5 代家系选育，采用群体选育与家系选育结合的方法，从虾苗培养到亲虾共进行 5 次选择，最终获得了对 WSSV 抗性强的南美白对虾“中兴 1 号”。

2018 年以来，公司与中山大学在“中兴 1 号”基础上，进一步开展分子设计育种工作。中山大学团队研究发现，南美白对虾干扰素调节因子（IRF）基因上某 SSR 标记位点的多态性与对虾抗病性状密切相关，利用这一研究结果，基地与中山大学产学研合作，开展南美白对虾分子设计育种工作和成果转化。目前已选育获得中兴 CT 品系一个。攻毒测试结果表明，其攻毒 72 小时后死亡率降低 35% 以上，抗病能力在“中兴 1 号”基础上仍有显著提高。

年产优质罗非鱼苗超10亿尾——

广东伟业罗非鱼良种有限公司

广东伟业罗非鱼良种有限公司（原茂名市伟业罗非鱼良种场）成立于1995年10月，位于茂名市公馆下垌，距离市区10千米，交通方便，水源优质。该公司总投资近2亿元，占地面积2750亩，设备独特先进、采用自动化程序操作生产，是集现代化生产与高科技研究为一体的国家级大型罗非鱼良种基地和全国现代渔业种业示范场。年产新型多元杂交种吉奥等优质罗非种苗超10亿尾。

广东民营企业中首家“国家级良种场”

简伟业是广东伟业罗非鱼良种有限公司董事长，被誉为“吉奥罗非鱼杂交之父”，2017年被农业部、全国水产推广总站授予中国水产业杰出贡献专家。他获多项国家发明专利和优秀发明专利奖，多次获国家省市科学技术奖，全国罗非鱼长期突出贡献奖及罗非鱼领军人物，第二届茂名市十大杰出民营企业家。由简伟业创办的罗非鱼良种基地被审定为“国家级良种场”，这是广东民营企业首家，也是茂名目前唯一一家。除带动茂名罗非鱼“金三角”产业核心基地外，还辐射带动全省及其他地区罗非鱼养殖100多万亩，养殖超过2万户，年带动茂名及周边社会产值超500亿元。

近年，该场被评为国家级水产良种场、首批全国现代渔业种业示范场、全国最具影响力罗非鱼企业、广东省500强企业、广东省农业现代化示范区、广东省质量信誉十佳品牌（连续15年）、茂名优秀龙头企业等，广东省十大名牌产品（从全省一千多家竞选，种苗唯一一家）。2016年底评为国家高新企业、全国十大优质种苗基地，2017年1月被评为全国最值得信赖的苗种品牌。

育种技术达国内先进水平

公司拥有一支经验丰富的专职选育团队，其中技术人员 28 人（高级工程师以上 7 人），并长期与上海海洋大学等多间科研究院所合作，在全国率先采用分子遗传学选育及微生物育种工程技术。

2005 年，公司选育团队在基地研发出全雄性奥尼罗非鱼，2008 年又首次研发成功新型杂交种——吉奥罗非鱼。经省科技厅、省海洋与渔业局鉴定：该成果达国内领先水平。2013 年又将吉奥罗非鱼进一步多元化组合杂交，使该品种抗寒抗病特别强，即使炎热夏天也不易得病，大灾之年一样稳产高产，真正高质高效。

2015 年，该公司多元杂交吉奥罗非鱼经全国原良种评审委员会审定为全国水产新品种。该公司作为第一完成单位，完成全国首例多元杂交，被誉为国际罗非鱼多元杂交技术的又一新突破，2016 年再经国家鉴定委员会鉴定该成果总体水平为国内领先，部分成果国际先进。

公司采用“公司 + 农户 + 标准化 + 回收”模式，制订了一系列已备案的养殖规程及育种标准，目前已升级为省级标准，以龙头带动产业，公司一边抓好品种改良和生产，一边为养殖户提供优质种苗及养殖技术、饲料及成品回收，促使罗非鱼产业往高质、高校、高标准产业发展，加快推进茂名成为“中国罗非鱼之都”、全球最大的罗非鱼产业基地，打造世界品牌。

让罗非鱼搭上“一带一路”便车

公司目前正在采用高标准、现代智能化，往高质、高效、低耗、环保式自动化程序生产，在品种及养殖上不断改良，精益求精，做国际现代标准化健康养殖业“领头羊”。

目前，公司响应国家号召（一路一带），及联合国推行的罗非鱼养殖，率先进入东盟（柬埔寨）、非洲（乌干达、苏丹、赤道几内亚）国家，进行中柬、中非合作，创办罗非鱼产业基地，带动国际性发展，确定中国罗非鱼在全球上的领导地位，同时又为中国罗非鱼出口创造更多的途径，大大确保中国罗非鱼产业持续、稳定、提速、提效发展。

该公司生产的新型杂交种吉奥等优质罗非种苗深受欢迎，销向全省各地，还出口马来西亚、越南、非洲等国家和地区。

吉奥罗非鱼获省长点赞

吉奥罗非鱼 Oreochromis spp（多元杂交、全国首例），2015 年被国家审定为全国水产新品种。该品种由罗非鱼杂交父简伟业和李思发教授等专家共同研发，以引进上海海洋大学选育的“新吉富”罗非鱼为母本、源于以色列的奥利亚罗非鱼为父本，经过严格筛选、配组杂交繁育的新型杂交子一代。该品种具有更强的抗热、抗寒、抗病及耐低氧能力，养殖整过程一般不需用药，达到高质高效，肉质更甜香、嫩滑、爽口，极受欢迎，是未来动物性蛋白质的主要来源之一，世界重点科研培养的淡水鱼类品种。

该品种获国家和省科学技术奖二等奖，具有独立自主知识产权，是当时罗非鱼育种行业获最高科技奖，同时获“国家发明专利”和“优秀发明专利奖”，广东省推广一等奖。2018 年 11 月初广东省农博会上，马兴瑞省长亲自为茂名伟业罗非鱼良种竖起大拇指点赞推介，2020 年评为广东改革开放以来渔业种业十大名优品牌。2022 年 2 月 21 日，被农业农村部公示，评选为 2021 年中国水产种业育繁推一体化优势企业。

致力选培育石斑鱼良种——

广东省农业技术推广中心海洋渔业试验基地

广东省农业技术推广中心海洋渔业试验基地（以下简称“基地”）主要承担广东省海洋渔业科研试验工作，开展海洋生物、海水增养殖、名特优新品种人工繁育、海洋生物遗传育种、海洋农牧化、水产养殖病害防治等基础性技术研究试验工作，承担海洋生物标志放流技术研究及效果检验有关工作，承担海洋渔业科研成果孵化、中试工作，开展深海生物资源研究工作。

1999 年经广东省海洋与水产厅批准，基地获省级石斑鱼良种场资格。2004 年申请国家级石斑鱼良种场建设项目获得立项支持，同年开工建设，2006 年竣工完成验收。2008 年申请国家级鞍带石斑鱼良种场建设项目，2011 年获立项支持，2012 年开工建设，2015 年竣工完成验收。基地现有原良种包括鞍带石斑鱼、斜带石斑鱼、棕点石斑鱼、赤点石斑鱼、蓝身大斑石斑鱼等，建立了石斑鱼亲鱼强化

培养技术体系，构建了石斑鱼良种亲本核心繁育群体，已群体选育至第 3 代，利用经过营养强化的亲鱼进行扩繁，年可培育 50 万～100 万尾优质石斑鱼苗种。

基地研发的工厂化及池塘生态系育苗技术，经示范推广，已广泛应用于其他海水鱼类种苗培育，改变了广东省海水养殖种苗完全依赖天然捕捞或进口的局面。基地在国内首次取得石斑鱼杂交育种成功，并在多个杂交组合中筛选出了具有优良性状的养殖新品种“虎龙杂交斑”（品种登记号：GS-02-004-2016）。目前，虎龙杂交斑已在我国的广东、海南、福建、广西等省区推广养殖，产生了良好的经济效益和社会效益，开创了石斑鱼养殖业的一个新的里程碑。

在短短的二十年发展历程中，基地成绩显著，至今已获得中华人民共和国教育部一等奖 1 项、国家海洋科技创新二等奖 1 项、广东省科学技术一等奖 1 项、广东省农业技术推广奖一等奖 2 项、广东省动物科学技术奖一等奖 1 项、广东省农业技术推广奖二等奖 1 项、广东省科学技术二等奖 2 项、广东省科学技术三等奖 3 项、广东省农业技术推广奖三等奖 1 项。另还取得国家发明专利近 20 项，在国内外核心期刊发表学术论文 100 多篇。

开展石斑鱼良种培育和选育

基地自 1999 年挂牌后一直致力于石斑鱼良种的培育和选育工作，开展了大量的石斑鱼良种选育分析工作，制定了一整套完善可行的石斑鱼良种选育体系。

基地建立了石斑鱼繁育的基础群体，运用传统的性状测定和较现代的框架分析法，通过多元分析方法对石斑鱼及其杂交种进行形态综合分析，建立了石斑鱼品种的形态鉴别方法，通过体色、鳞被、生长、繁殖力、抗逆等表现和生化指标建立和完善石斑鱼良种选育的指标数据库。

基地还开发和筛选了大量适用于石斑鱼种质分析的分子标记，利用 RAD 测序技术进行了斜带石斑鱼遗传分析，并基于 SLAF-seq 技术对石斑鱼进行了体型、抗逆性、性周期、生长速率等相关标记进行了筛选。

为了突破难题，他们利用 Illumina Hiseq2500 平台对石斑鱼 mtDNA 进行测序分析，通过进行 AT 偏移率 /GC 偏移率分析发现，14 种石斑鱼基因组 AT 偏移率 / GC 偏移率相差不大，而且虎龙杂交斑与其母本棕点石斑鱼也相差无几。

石斑鱼

据介绍，基地还进行了斜带石斑鱼、鞍带石斑鱼、棕点石斑鱼基因组测序，获得斜带石斑鱼基因组的精细图谱。与此同时，他们开展石斑鱼雌核发育育种研究，完成了异源精子遗传紫外灭活、低温休克加倍、倍性检测及遗传分析的设备试制及操作规范等技术体系，并成功获得少量雌核发育点带石斑鱼幼苗。

基地构建了石斑鱼精子冷冻保存技术体系，建立石斑鱼的精子库1个，保存石斑鱼繁育群体自然成熟和经性别调控技术获得的精子1000份；建立了石斑鱼性别调控技术，对获得的雄性斜带石斑鱼进行了功能评价，检测了精子的精液体积、精子数量、活力等以及人工授精后卵的上浮比率、受精率和孵化率等，并通过仔鱼孵化后的畸形率和不投饵存活系数，评估性控石斑鱼苗种与天然苗种的仔鱼质量和活力。该基地根据不同种属石斑鱼的生物学性状的特点，共开展了10组石斑鱼杂交组合配对试验，经过连续多年的试验和验证，“虎龙杂交斑”于2017年4月通过全国水产原种和良种审定委员会审定为水产新品种（品种登记号：GS-02-004-2016），成为广东省目前为止首个海水鱼类新品种，开创了广东海水鱼类养殖的一个新的里程碑。

除此之外，他们还对石斑鱼不同养殖阶段的营养需求和生长特点进行分析研

亲鱼培育车间

究，根据其生长阶段的特性开展了石斑鱼苗种培育试验，从水质、饵料、病害防治等方面入手，集成苗种繁育关键技术和养殖用水处理技术手段，制定相应的操作管理规范，建立了高成活率的工厂化和池塘生态系育苗模式，制定了石斑鱼养殖技术操作规范，实现了石斑鱼高效稳定的生产。

苗种车间

8 年造就虎龙杂交斑

石斑鱼是我国南方海域名贵的海水养殖鱼类。随着人工繁育技术的突破，石斑鱼的养殖规模越来越大。但是经过十几年的养殖后，已经出现种质退化的迹象，石斑鱼的生长速度越来越慢、个头越来越小。加上近年来海区环境污染日益加剧，养殖病害频发。

为了解决这一问题，基地的研究人员以斜带石斑鱼、棕点石斑鱼为母本，开展了大量的种间、属间、亚科间及科间远缘杂交试验，在比较了鳜鱼、黑鲷、花尾胡椒鲷、赤点石斑鱼等多种杂交组合的受精率、孵化率、仔鱼活力等指标后，研究人员发现虽然一定的遗传距离能够增加杂种优势出现的概率，但是遗传距离太大也会使杂交的后代出现发育缺陷，导致孵化率和成活率的降低，在经过多次试验后，研究人员终于确定了石斑鱼远缘杂交亲本的筛选范围——属间杂交。经过各种比较后，研究人员最终决定使用鞍带石斑鱼作为父本进行杂交试验，鞍带石斑鱼具有体型大、生长快、肉质好的特点，但是它的抗病性比较弱，因此将其与棕点石斑鱼进行杂交，就可以将两种石斑鱼的优势进行整合，从而培育出一种生长快、抗逆性强的品种。

杂交品种确定后，新的问题又出现了，研究人员发现在自然情况下，不同属的石斑鱼，他们的繁育时间是不同的，没办法在同时间进行杂交试验。就在这个时候，研究人员突然想到，为什么不参考人类保存精子和卵子的方法，先对精卵进行冷冻保存，等到需要的时候，将精卵解冻就可以使用了。与人类的卵子不同，石斑鱼的卵子直径比较小，不易操作，因此将精子冷冻起来，等到母本卵子成熟的时候再拿出来解冻，成为研究人员最好的选择。经过了一年多的摸索，研究人员终于从众多的抗冻剂和保护剂中筛选出了适合鞍带石斑鱼精子冷冻的配方。经过多次杂交比较后发现，冷冻后的精子与新鲜的精子的受精率和孵化率效果基本相同，石斑鱼杂交试验又可以继续进行下去了。

精子的问题解决了，翌年研究人员在进行杂交试验的时候又发现，石斑鱼属于多次产卵的鱼类，每次产卵的量很少，根本没办法满足杂交的试验需求。这一次，研究人员很快就又想到了办法，为了能一次性获得更多的卵子，研究人员决定给雌鱼进行催产，然而之前没人给石斑鱼打过催产针，催产剂的剂量多少如何选择变成了一个大问题。研究人员开始给雌鱼进行了第一次性催产，结果等到预计产卵时发现，催产剂量太小了，鱼卵还没有发育成熟，挤不出来。第二次催产的时候，他们加大了催产剂的剂量，等到预计产卵时发现，终于可以挤出鱼卵了，但是他们又发现这次注射的剂量太大，挤出的鱼卵都变成了死卵，根本没办法进行授精。在一次次的试验中，研究人员不断地调整催产剂的剂量，终于摸索出最合适的注射剂量，获得了大量的成熟卵子。

精卵问题都解决了，第一批杂交石斑鱼终于诞生了，还没等研究人员高兴起来，他们就发现杂交出来的小石斑鱼在经过一个星期的培育后，有一半的小鱼苗还没有开口进行摄食就开始大量的死亡。研究人员经过大量的试验分析，发现原来是雌鱼的卵质有问题，导致刚孵出的鱼宝宝卵黄储备不足，还没有开口便死亡。找到了问题的根源，研究人员就想办法提高雌鱼的卵子质量，他们给雌鱼进行了营养改良，给雌鱼配置了一个特殊的食谱，添加了鱼粉、鱿鱼、虾、冰鲜杂鱼、鱼肝油等可以促进其性腺发育和提高免疫力的物质。经过营养强化后的雌鱼产出的卵进行杂交试验后发现，孵出仔鱼的成活率得到了很大的提高，虎龙杂交斑终于诞生了。

八年的心血和汗水终于迎来了收获的喜悦。虎龙杂交斑于 2017 年获得全国原种和良种审定委员会审定为水产新品种（品种登记号：GS-02-004-2016），成为广东省首个海水鱼新品种。

虎龙杂交斑具有抗逆性强、成活率高，生长速度快、饵料系数低的特点，杂种优势明显。主要表现为：(1) 生长速度快，大幅缩短了养殖周期，虎龙杂交斑生长速度快，平均体重增长比母本提高 114.52%，养殖周期缩短了一半以上，极大降低了养殖风险；(2) 育苗成活率高，杂交后代的育苗成活率可达 9.28% ～ 19.75%，显著高于父本的育苗成活率（0.5% ～ 2%）；(3) 养殖效益好，受精卵及鱼苗价格（受精卵 3000 ～ 5000 元 / 千克，3 厘米规格鱼苗 0.5 ～ 1.5 元 / 尾）显著低于鞍带石斑鱼（受精卵 30000 ～ 60000 元 / 千克，3 厘米规格鱼苗 5 ～ 15 元 / 尾），卵及鱼苗成本大幅度降低，加上饲料、人工等养殖成本均不同程度降低，提高了石斑鱼养殖效益。

“建威牌高丰鲫”受欢迎——

广州市建波鱼苗场有限公司

广州市建波鱼苗场有限公司为专门从事水产种苗生产的民营企业，总面积486亩，其中南沙区东涌镇鱼窝头村鱼窝头基地430亩；番禺区石碁镇雁洲村石碁分场56亩。原名鱼窝头建波鱼苗场，创建于2004年，2007年建立广州市建波鱼苗场有限公司。在省、市、区农（渔）业主管部门的支持和引导下，不懈努力，艰苦奋斗，2009年被评定为市级水产良种场，2017年建设为省级水产良种场，2019年创建为省级水产健康养殖示范场。

完善选育种设施

为了加快选育工作，该公司积极升级改造选育种基础设施。一是将400多亩池塘整治改造为现代标准池塘；修建完善排灌渠、场内交通道路、高、低压供电路线等各3000～4000米；配备环保卫生设施，并美化绿化；实现排灌分流、电

到塘头、道路畅通，场容场貌整洁干净、绿色生态。二是装修改造饭堂、宿舍、饲料与药物仓库等 1200 平方米；办公室、实验室、业务室等 300 平方米；并配置水源监测和检验检疫仪器设备，建设完善“三室”“二仓库”。新建繁育区遮光棚 5000 平方米，高效能过滤净化调温储水池 5000 立方米；为开创“全天候繁殖高丰鲫鱼种苗”奠定良好的基础。公司按广州市农业农村局的要求，建设了 40 亩养殖尾水处理池，并坚持使用，确保“水源进入净化，尾水处理达标排放”的要求；为良种选育提供良好的环境条件和基础设施。

其次，该公司加大科技投入，先后与上海海洋大学、仲恺农业工程学院、华南师范大学等涉渔院校建立“产科学研”合作关系，组建高丰鲫育种攻关科研团队；吸收消化华南师范大学“百花鲫”育种的成果，确立以高丰鲫为主导品种。制定与公布执行良种选育技术路线和选育种生产技术操作规程（企业标准）；实行标准化管理，规范良种选育技术。几年来，在鲫鱼良种选育取得多项突破，研发和推广高丰鲫良种品牌种苗。取得社会和养殖业界的信赖，迈上现代种业新台阶。

此外，公司聘请广东仲恺农业程学院林鑫博士、上海海洋大学杨先乐教授等科技人员为技术顾问，协助公司制定、革新良种选育技术路线和种苗生产技术操作规程（企业标准）并公布执行；对员工开展良种选育、种苗生产和健康养殖技术培训，提高员工选育种技术水平。近年来，公司在选育种、健康养殖等领域科技攻关上取得多项科研成果：一是将水产养殖“可控生态技术”原理应用到高丰鲫育种生产中：突破“一年四季全天候繁殖高丰鲫鱼苗”关键技术，实现一年四季生产供应鲫鱼种苗；二是公司承担“高丰鲫人工选育与苗种繁殖技术研究”项目获番禺区科技进步奖；三是与华南师范大学合作完成农业部“江河增殖放流鱼苗生存动态追踪”通过验收；四是公司与上海海洋大学和仲恺农业工程学院合作，共同研究鲫鱼孢子虫病防治技术和鲫鱼全营养饲料配制等项目，取得成功，正在申报国家专利。

打造品质好苗

公司聘请资深育种专家规划高丰鲫良种选育，指导公司分期、分批、分别从江西九江、海南三亚引进彭泽鲫鱼亲本和南方野鲤亲本。同时，制定并执行的鲫鱼选育良种选育技术路线和选育种生产技术操作规程（企业标准），对引进的亲本进行驯养和严格选育。至2018年共引进、储备彭泽鲫亲本20000尾，其中后备亲本5000尾（含选育子五代亲本2000尾）；南方尖鳍鲤亲本2000尾，其中后备亲本各1000尾（含选育子五代后备亲本500尾）。

公司制定与公布执行《鲫鱼良种选育技术路线》和鲫鱼良种选育和种苗生产系列企业标准：《彭泽鲫亲鱼》《彭泽鲫苗种》《彭泽鲫良种选育技术规范》《彭泽鲫人工繁育技术规程》《彭泽鲫苗种培育技术规程》《彭泽鲫成鱼养殖技术规程》《尖鳍鲤良种苗种生产技术规范》《高丰鲫苗种培育技术规程》；在公司内强制执行；规范保种、育种、选种操作，实行标准化生产，确保高丰鲫良种亲本纯正、种苗质量优良。

公司发挥选育种环境优良；基础设施完善，良种亲本充足的优势，2017年后，均用选育的子5～6代纯正亲本，提纯复壮高丰鲫育苗亲本。严格执行鲫鱼选育良种选育技术路线和选育种生产技术操作规程（企业标准）；规范育种技术，实行标准化生产；执行《水产养殖质量安全管理规定》，严把“建威牌高丰鲫”种苗质量关；“建威牌高丰鲫”种苗产量与质量逐年提高，良种品牌威望日升。2017年后，高丰鲫年产量突破2亿尾，生产多少、卖出多少，1尾不剩；常被抢购一空，供不应求。2020年在新冠肺炎防疫严峻形态下，高丰鲫鱼苗定购势头更猛，数量比往年更大，客户扬言非高丰鲫不买。公司加紧复产，扩大繁育种苗，同年6月，高丰鲫鱼苗生产销售量超过2.5亿尾；超过上年全年产量，仍有近0.5亿尾订单有待供苗。“建威牌高丰鲫”种苗已成为省内外同类品种品质最优、最热门、最具影响力品牌鱼苗。

严控质量安全

公司根据《水产养殖质量安全管理规定》要求，依法制定水产品质量安全检测和管理制度；公司经理出任质量安全管理第一责任人，加强质量安全管理。

公司聘请专家评估养殖基地对环境影响；按评估意见，采取措施保护养殖水域滩涂环境。一是定期委托有资质的单位检测水源和养殖用水水质。确保养殖用水符合《渔业水质标准》（GB11607−92）和农业部《无公害食品淡水养殖用水水质》（NY5051−2001）要求。二是建设进排水分流的排灌系统，配套建设与养殖规模、生产能力相适应的水源预处理和养殖尾水处理设施设备。实现进排水分开。养殖尾水经物理、化学和生物处理，达到国家规定的排放标准才排放；谨防污染水域滩涂环境。

公司建立《亲本种苗检验检疫和投入物监管制度》，委托有资质的单位对亲本、种苗检验检疫，加强对饲料、药物监管，确保亲本和种苗质量安全。购进亲本要求供方须产地检疫和质量安全检验合格；公司基地做好驯养选育记录备案。公司制定和执行《彭泽鲫良种选育技术路线》《南方尖鳍鲤良种选育技术路线》和《彭泽鲫良种选育技术操作规程》《南方尖鳍鲤良种选育技术操作规程》规范选育、扩繁和储备良种亲本。严格亲本提纯复壮制度，凡用于提纯复壮的亲本须检验检疫合格。公司生产的各品种种苗或亲本，出售前须经本公司自我检验合格，并委托有资质单位进行产地检疫和质量安全检验合格才出售。并在包装箱标识“建威牌”鱼苗标识，再运输。如检验检疫不合格者，不得扩散、不准销售，及时按《染疫水生动物无害化处理规程》（SC/T 7015−2011）全部进行无害化处理。公司执行《养殖基地饲料使用管理制度》规定，实行专人采购、专仓存放、专人保管、专人提取、专人投放的制度。全部使用有资质生产厂家生产的，符合农业部《无公害食品渔用饲料安全限量》（NY5072−2002）和《饲料和饲料添加剂管理条例》的渔用配合饲料。禁止购进、投喂冰鲜（冻）饵料，以防止残饵污染水质。并做好《水产养殖饲料投喂记录》。公司执行《水产养殖药物使用管理制度》，实行渔药使用处方制和渔药专室存放、专人保管监管办法。公司委托技术顾问（上海海洋大学杨先乐教授）指导公司药物采购、管理和使用。一是按实际需要开具的渔药使用处方和推荐采购、使用药物；二是指定专人到有资质的兽药经营单位购买，专人保管、专人使用及用药后监督；三是使用水产养殖用药都符合《兽药管理条例》和农业部《无公害食品渔药使用准则》(NY5071–2002)。每次使用药物，确定休药期满才起捕、转移或销售，并做好《水产养殖用药记录》。

一体化经营

公司坚持“公司+基地+经销商+农户”的经营方针和“产供销一条龙”的服务形式。组织100多家经销商组成鱼苗经销商网络；通过此网络与苗种客户长期联系，互通苗种销售信息；并为苗种用户提供售后服务，开展高丰鲫良种质量跟踪调查和水产品质量安全追溯。公司与经销商定期到鱼苗用户养殖基地调查跟踪“建威牌”鱼苗质量和养殖状况。一方面帮助农户解决养殖过程中遇到的问题；指导其推广应用良种良法，发展健康养殖。另方面收集、研究分析种苗质量追溯和产品质量跟踪的信息，验证和检讨公司的良种选育技术路线和良种生产技术规程，及时改进和更新良种选育路线和种苗生产企业标准，确保品牌种苗质量永葆、良种生产长盛不衰。同时，公司定期在基地开展“建威牌”高丰鲫鱼苗生产性能表征试验，每次表征试验验收，均邀请鱼苗用户、周边农户到现场体验“建威牌”高丰鲫良种种苗适应性广、抗逆性强、长速快、节能低耗、产量效益高等优良性状和生产性能。并在现场举办进行健康养殖技术培训，以提高良种种苗的知名度和健康养殖的影响力。

优质种苗畅游“一带一路”国家——

广东五龙岗水产科技发展有限公司

广东五龙岗水产科技发展有限公司（以下简称“五龙岗水产”）成立于2010年，位于花都区花山镇花城村山前旅游大道282号，注册资金2000万元。公司下属6个水产苗种繁育生产基地，1个观赏鱼繁育生产基地，总面积达1400多亩，设有480亩高标准、设备齐全的生产池塘及种质基因实验室、鱼苗工厂化恒温生产车间、鱼苗培育网箱区等。十年来，五龙岗基地先后获得中国水产科学研究院淡水渔业研究中心广州良种基地、广东省无公害农产品产地、广东名牌产品（农业类）、农业部水产健康养殖示范基地、黄颡鱼省级良种场、广东省重点农业龙头企业等荣誉，并通过ISO9001质量管理体系认证。

五龙岗水产利用高科技物联网系统，面向水产养殖集约、高产、高效、生态、安全的发展需求，基于智能传感、无线传感网、通信、智能处理与智能控制等物联网技术开发，集水质环境参数在线采集、无线传输、智能处理、预警信息发布、决策支持、远程与自动控制等功能于一体的水产养殖高科技物联网系统。养殖技术人员在监控中心通过监控系统可以实时掌握养殖水质环境信息，及时获取异常报警信息及水质预警信息，并可以根据水质监测结果，实时调整控制设备，实现水产养殖的科学养殖与管理，最终实现节能降耗、绿色环保、增产增收的目标。

公司是目前广东地区大规模的优质淡水鱼苗生产基地之一。基地生产的种苗不仅销往广东、广西、云南、福建、湖北、湖南、江苏、浙江等省区的水产养殖区域，还出口到“一带一路”沿线十几个国家。

主打“粤丰”黄颡鱼

公司创办人梁明是一名“80后”，2003年从广东工贸职业技术学院毕业到东

莞做水产养殖学徒，一年后开始在东莞创业；他于2006—2008年，到广州白云区继续拼搏着水产梦想，并创办了五龙岗鱼苗场；2009年，再次将公司搬迁至花都区花山镇，并由原来一个小规模养殖场发展成为现有1400多亩生产基地，2017年更名为广东五龙岗水产科技发展有限公司。

2017年，五龙岗与中国水产科学研究院淡水渔业研究中心进行合作，经过精心选育和提纯、筛选选育出优良的黄颡鱼亲本，通过三代间系杂交生产出“粤丰牌”杂交黄骨鱼。“粤丰牌”全雄黄骨鱼全雄率高达98%以上，比一般黄骨鱼生长速度快20%～30%，抗逆性强、耐运输、易捕捞，饲料系数低。

目前，该公司主要生产“粤丰牌”黄颡鱼、加州鲈鱼、罗非鱼、鲫鱼等优质鱼苗；2020年年产“粤丰牌”鱼苗15.32亿尾，年产值达4800万元。2021年年产“粤丰牌”鱼苗18.63亿尾，年产值达6096.87万元。

将建设现代种业产业园

公司作为广州花都区唯一一家拥有省级水产良种场资格的企业，将着重建设现代种业产业园，公司将整合资源，将推动“公司+农户”的合作模式，同时对品种进行提纯复壮，形成现代化良种体系。

据介绍，五龙岗将对现有生产区域进行分片升级改造，对现有鱼塘进行综合整治，建造苗种暂育池、全恒温苗种打包区、检验检疫室、拟新建运营中心、产品展示区、进境动物检验检疫国家级隔离场、电商、中转打包场、恒温货仓、冷库等8000平方米。为了进一步推进良种选育，公司将与相关院所、单位共同推进良种重大科研联合攻关，升级创建种苗实验室、课题组工作室、课题组设施配套、现场试验、专家工作室、博士后工作站等，进行名特优品种筛选。

让优质种苗走向世界

早在十几年前，五龙岗就开始涉足水产电商，并用两年时间打造一个“OTO模式”的线上了解、线下体验的大型淡水鱼种苗运营中心，该中心同时具备鱼类展厅、专业VR影像展示厅、专业电商团队、完善的物流系统、种苗一站式采购中心等五大功能，从品牌建设、推广、销售、售后服务等方面，实现“互联网+农业”，全面拓宽鱼苗销售网络，形成产、学、研、销的新型水产高效发展路线。

公司具备进出口经营权，引进优质种鱼，孵化出优质种苗供应国内外，生产规模及种苗质量均处于国内先进水平。五龙岗水产的产品出口至美国、马来西亚、泰国、缅甸、孟加拉、老挝、肯尼亚及越南等十几个国家。据了解，2018年缅甸渔业官员、2019年来自12个国家的渔业官员团队先后到五龙岗现场参观、学习相关水产技术并进行交流。五龙岗将继续搭乘“一带一路”便车，推进优质种苗走向世界。

杂交黄颡鱼苗

全雄黄颡鱼苗

国内首批河鲀鱼源养殖基地——

广东金洋水产养殖有限公司

广东金洋水产养殖有限公司（以下简称“金洋”）成立于2008年，是由国企投资公司、香港、大陆多家上市公司共同投资成立的中外合资企业。金洋养殖基地面积2000多亩，现有员工110多人，总投资超亿元，是广东省番禺区现代渔业产业园的实施主体单位之一，是海鸥岛规模最大的高端水产种苗繁育和精品水产养殖示范企业，金洋是农业部审核通过的广东第一家河鲀加工企业和河豚鱼源基地、广东河鲀省级良种场，是广东省河鲀产业的创始企业，并参与制定我国《鲜、冻养殖暗纹东方鲀》的团体标准和我国河豚养殖的法律条文修订，为我国河鲀产业健康发展起着极大作用。

金洋的创始人潘淦可以称得上广州水产行业的领头人。金洋是海鸥岛规模最大的高端水产种苗繁育和精品水产养殖示范企业，在水产养殖、种质选育、种苗

生产及装备农业、品牌农业等方面起着重要典范作用，引领行业和产业的发展。金洋致力于生产一尾有健康美味标志的身份证鱼，以公司核心战略产品笋壳鱼、河豚、金鲷、罗氏沼虾、蛙等为主要产品，以水产种苗为龙头，带动风味饲料、水产养殖、水产加工、供应链、资金互助、全产业链 + 金融经济生态圈的发展，搭建起“公司 + 家庭农场 + 职业农民”共盈保盈 6 合 1 公共养殖服务平台，实践水产养殖无药残生态健康生产的理论，为探索中国粮食支撑体系建设作贡献。

创始人坚定“三为主义”养鱼

中国工程院院士林浩然为广东金洋水产养殖有限公司题词：“科学生态养鱼，为国为民为己。”这正是创始人潘淦在企业中提出的“三为主义”。

潘淦是一位渔民的孩子，1966 年出生在广东吴川海边的渔村海沙坡。他毕业于华南师范大学的鱼类学硕士专业，后一直在水产行业就职。他在广东创建了河豚产业和笋壳鱼产业。2007 年底，他受邀到广州番禺海鸥岛创建广东省金洋水产养殖有限公司，专业从事名优水产种苗、养殖生产、加工全产业链的经营。在他长达 30 年的农村养鱼事业的探索中，他制定了金洋水产的发展战略，坚持做好两件事：一为解决和摸索中国农业健康的耕作问题，提出了一尾健康鱼的养殖方式；二为解决和摸索中国农民的出路问题，提出了“公司 + 农户”共盈保盈公共养殖平台。

30 年飞跃，造就“金洋”

金洋的历史渊源可以追溯到 20 世纪 90 年代，前身是广东省淡水养殖第三良种场，创建于 1982 年，由中国水产总公司和广东京粤水产总公司投资创建，拥有雄厚的人力资源和技术实力。2007 年，创始人潘淦来到了番禺，组织国企投资公司与香港、大陆多家上市公司共同投资创建中外合资企业，2008 年在广州市番禺区石楼镇海鸥岛成立了广东金洋水产养殖有限公司。

目前，金洋养殖基地面积 2000 多亩，总投资超亿元。拥有智能型自动化多功能水产繁育车间 9000 平方米、标准化水产繁育车间 2000 平方米、超低温可控水产繁育车间 800 平方米、自动化控温控光授精车间 600 平方米、流水孵化车间 500 平方米，高密度工厂化养殖示范池 300 平方米、环形育苗池 180 平方米、多功能水产会议厅300平方米、远程监控水产实验室120平方米、配套水塔及相关净水设备300立方米、新品种亲本塘及种苗培育塘1000多亩、新品种养殖技术应用及高效益示范塘600多亩等。基地主要产品有河鲀、笋壳鱼、四大家鱼、金鲷、生鱼、脆肉鲩、加州鲈、鲫鱼、叉尾鮰、黄骨鱼、桂花鱼、罗非鱼、泥鳅、鲶鱼、虾、蛙等家庭和酒店常用专用大宗鱼虾蛙类水生动物。

金洋依托华南师范大学生命科学学院和广东省水产健康安全养殖重点实验室为技术支撑，在广东省、广州市、番禺区各级政府和领导的关心和支持下，大力抓基建、抓生产管理、抓品牌建设，探索鱼类健康养殖的生产模式，从亲鱼培育、种苗、饲料、养殖、加工生产、产品检测、物联网监控、产品溯源和线下与线上销售把控，全产业链做好健康美味品牌鱼。

金洋以华南师范大学牵头，结合华南农业大学、中山大学、仲恺农业工程学院等高等学校和科研机构合作，建立科研平台。聘请桂建芳院士为公司首席科学家，林浩然院士、刘少军院士为高级专家、建立一支中国水产高水准的科研团队。先后承担国家、省市各级科研项目20多项，拥有国家发明专利、实用新型专利、外观专利、著作版权30多件，荣誉证书30多项，发表实用性论文30多篇。

广东金洋鲃鱼种苗繁育车间

金洋创建以来已经取得了飞跃的发展和一系列的成绩，该基地是广东省重点农业龙头企业、省级笋壳鱼水产良种场、省级河豚水产良种场、农业部水产健康养殖示范场、农业部首批河鲀鱼源养殖基地、养殖河鲀加工企业、农业部农村青年致富带头人单位、粤港澳大湾区“菜篮子”生产基地、广东省“菜篮子”基地、广东省无公害水产品生产基地、广东省院士工作站、广东省博士后创新实践基地、广州市级农业公园、华南师范大学产学研结合示范基地、大学生科研社会实践基地、华南师范大学－广东省水产健康安全养殖重点实验室建设基地、华南农业大学教学实习基地、中山大学产学研结合示范基地、湖南师范大学鱼类育种养殖试验基地等。

河鲀养殖崭露头角

多年来的行业积淀，使金洋逐渐摸索出一条创新的精品种业发展的道路。2005年金洋转向生产尖塘鳢(俗称笋壳鱼),并靠着笋壳鱼赚到了一笔钱。2013年，金洋通过广东省笋壳鱼水产良种场验收，成为番禺区继农业科学研究所之后的第二家“省级水产良种场”，是全国两家省级笋壳鱼良种场之一，是国内最大的笋壳鱼养殖基地。

可说起金洋，就不能不提河鲀。公司于2000年引进河鲀鱼种鱼，开展自主繁育苗种、养殖、加工、流通等业务，随后采用“公司＋农户”的经营模式，形成产供销一条龙体系。2016年，我国放开了红鳍东方鲀和暗纹东方鲀两个产毒能力较低品种养殖经营，金洋水产立即组织科技力量探索人工控制养殖环境进一步降低鱼体内的毒素，开展生产档案管理，全程跟踪种源、饲料、水质等指标，拟设立溯源二维码，最大程度保证食品安全问题。20年的坚持，河鲀的市场慢慢打开，目前金洋是广东省河鲀产业的创始企业、广东唯一河豚种苗、养殖、加工合法资质企业，《鲜、冻养殖暗纹东方鲀》等团体标准的主要制定者，不断完善河鲀产业标准体系。所生产的河鲀约占全国市场份额的1/4，并获“省级河鲀水产良种场”“农业部首批河鲀鱼源养殖基地”等称号。

广东市场少见河鲀鱼的踪迹。金洋专注于将河豚文化普及到全国，他们采取了走精品水产路线的营销策略。2020年1月份，金洋成功取得河鲀鱼加工牌照，并在番禺区海鸥岛建设加工厂，推出“撕腊鱼干”等河鲀膨化食品和速食产品。

2020年，广州市番禺区名优现代渔业产业园获批建设。金洋作为该产业园的实施主体之一，将借此发展东风，谋准名优种苗繁育、精品水产养殖、风味饲料生产、水产品精细加工、水产品牌市场、“互联网＋渔业”一体化的全产业链体系，实现产业兴旺、农民富裕、乡村美丽的伟大梦想。

“禺山”罗非鱼声名远扬——

广州市番禺区农业科学研究所

广州市番禺区农业科学研究所是广州市番禺区属的农业科研事业单位，承担着该区的水产、水稻、蔬菜新品种的研发、推广、示范及农技培训等任务。该所研发了声名远扬的“禺山”罗非鱼，以及胜斑、“禺山”鲫鱼等众多水产养殖新品种，并为养殖户提供优质种苗和养殖技术服务。该所辖下的水产种苗中心正是各种水产苗种诞生地。中心占地面积700多亩，其中鱼塘水面510亩，全部生产用鱼塘实现硬边化。罗非鱼苗繁育专用池塘392亩，新品种研发基地35亩，配套有越冬保温钢棚110亩，简易保温越冬棚50亩。建有用砖墙隔离围闭罗非鱼原种选育区，共有专用水泥池94个，面积1848平方米。设施设备较为齐全。

标准化鱼塘建设

亲鱼越冬棚

研究开发奥尼罗非鱼

水产种苗中心从事奥尼罗非鱼的研究与开发始于 1985 年，由广州市水产研究所的水产工程师江山携带从国外引种过来的尼罗罗非鱼和奥利亚罗非鱼与该所的水产工程师刘忠强合作，对奥尼罗非鱼进行研究与开发。

据介绍，当时中心的基地面积仅有 70 多亩，经过一番艰苦努力，奥尼罗非鱼建立了初步的原种种群，但在国内处于起步阶段，育种技术和苗种生产技术处于空白状态，奥尼罗非鱼的雄性率较低，对于商品鱼养殖生产有一定制约。经过连续多年的提纯复壮选育，雄性率逐步提高，直至 1997 年，经鉴定达到了 97%，已处于国内领先水平。而该所关于《提纯复壮奥尼鱼亲本，提高奥尼鱼雄性率和推广养殖》的科研项目于 1998 年获得了广州市科技进步二等奖。

在此基础上，借助和番禺区良种场合并的契机，该所的奥尼罗非鱼苗生产规模得到了突飞猛进的发展，生产面积迅速扩大到 700 多亩，具有年产优质奥尼罗非鱼苗 1.2 亿尾的生产规模，雄性率长期稳定在 97% 以上，产量和质量在国内处于领先水平，每年推广养殖面积达到 6 万多亩，是国内连续从事奥尼罗非鱼自然杂交培育苗种时间最长、规模最大、信誉最佳、社会经济效益最好的奥尼罗非鱼苗种场，在同行中享有盛誉。

该所生产的“禺山牌”奥尼罗非鱼苗于2001年荣获“中国国际农业博览会名牌产品”称号；2002年获得“广州市名优农产品”称号；2009年获得“番禺十大特色农产品”称号；2013—2016年被农业部认定为无公害农产品；2004年至今连续19年获得“广东省名牌产品”称号；2020年被广东省渔业技术推广总站和第二届广东水产种业博览会组委会授予“2020年广东水产种业十大名优品种”。

探索培育新品种

在培育奥尼罗非鱼取得成绩的同时，该所于2005年被广东省海洋渔业局授予“省级水产良种场”称号；2006—2016年被广东省海洋与渔业局认定为广东省无公害农产品产地；2009年被中国水产流通与加工协会授予“全国十大罗非鱼苗生产基地”称号；2013年被评为广州市农业龙头企业；2019年通过了广东省省级健康水产养殖示范场验收，顺利通过广东省农业农村厅组织的省级水产良种场复查并由该厅重新颁发“省级水产良种场”牌匾，成为广州现代农业的一张亮丽名片。

为了加快培育更为健全的良种体系，该所不断试验引进新品种，2004年从山东省淡水水产研究所引进了淡水黑鲷和宝石鲈，不断探索养殖和繁殖技术，经过连续多代选育，分别建立了原种体系，在原种种群中优选建立了商品苗繁殖用亲本群体，逐步形成了年产1500万尾宝石鲈水花的生产规模。此外，该所还积极进行杂交试验，经反复杂交对比，确立了以淡水黑鲷为母本，以宝石鲈为父本的杂交组合，最终培育出了水产杂交新品种，命名为“胜斑”，该杂交方法于2012年7月6日获得了国家发明专利（专利号：2012102330967）。

除此之外，早在1996年，该所从新疆原产地引进额尔齐斯河银鲫。针对引进时该鲫鱼的生物学性状，并结合华南地区的市场需求情况，对其进行了定向选育。经过连续六代选育，获得了在体型、体色和抗病力等主要指标方面具有稳定遗传性状的新的鲫鱼品种，经过专家组评审后，命名为“禺山鲫鱼”。该品种具有体型稳定、生长迅速、抗病力强（特别是抗孢子虫）和起捕率高等优点，在广州市和周边地区深受广大养殖户欢迎。

【相关阅读："禺山"奥尼罗非鱼苗】

"禺山牌"奥尼罗非鱼苗是该所利用生物技术通过奥利亚罗非鱼与尼罗罗非鱼杂交生产的子一代杂交罗非鱼苗，利用奥利亚罗非鱼（父本）和尼罗罗非鱼（母本）进行杂交获得了奥尼罗非鱼这一杂交品种。"禺山牌"奥尼罗非鱼具有雄性率高（无须激素诱导）、生长快（从鱼苗养至0.5千克只需5个月）、抗病力强、产量高、杂食、易养、易捕捞、耐缺氧等优点。

自1986年引进良种亲本后，该所坚持不懈选育良种，不断与各选育种兄弟单位借鉴交流，取长补短，建立多个纯系种群。不同亲系的纯系种群杂交繁育奥尼罗非鱼良种种苗推广应用后，在广州地区彰显了突出的优势，在珠江三角洲推广应用评价中获得好口碑。

在育苗过程，鱼塘一般选择面积2～4亩，水深1.2～1.5米的池塘，水源丰富，周围无高大遮光物。鱼苗放养前首先须进行药物清塘和培育肥水，一般选择茶麸清塘或生石灰清塘，清塘后次日施肥培水，以培养浮游生物。清塘、施肥后7～10天，为证实塘水中清塘药物分解殆尽，必须进行试水。试水安全后可亩放鱼苗6万～8万尾。根据鱼苗不同生长阶段合理投喂配合饲料，根据水色情况追施有机肥，以维持塘水正常的肥度。随着鱼苗的生长逐步加深塘水，经过20多天的养殖，奥尼鱼苗可长到4～5厘米，此时可直接放进池塘中饲养或分塘，亩放8000～10000尾，继续养成大规格鱼种。

奥利亚罗非鱼（父本）

尼罗罗非鱼（母本）

而成鱼养殖则有所不同，池塘一般为水深2～3米，面积5～10亩，塘基坚固，保水性能好，塘底平坦，四周无高大挡阳物。鱼种放养前须进行药物清塘和培育肥水，视塘水的肥瘦程度于清塘后第二天施肥。清塘、施肥后7～10天进行试水，清塘药物毒性消失后即可放养鱼种。放养密度根据池塘水源、水深、有无增氧设备、饲料丰欠等情况灵活掌握。每年的5—10月是养殖奥尼鱼的黄金季节，应加强水质管理和喂食管理。水质管理的主要手段是向鱼塘冲注新水、换水、改底调水机械增氧。养殖早期可以少开或不开增氧机；养殖的中后期应定时开增氧机。经过3～5个月的养殖，春季放养的鱼种到6月底至7月初平均尾重已达550克，全部达到上市规格。

稳步增长的新型苗种企业——

广州市一帆水产科技有限公司

广州市一帆水产科技有限公司（以下简称“一帆”）成立于2008年1月，注册资金500万元，地处广州市南沙区珠江街五涌，主要从事名优水产苗种繁育及养殖技术推广工作。公司在南沙区拥有4个养殖基地，合计总面积约650亩，属广州市市级水产良种场、广东省省级水产良种场、农业部水产健康养殖示范场、广东省无公害农产品产地。近年来，公司为了更好开展外省水产苗种业务，分别在江西省吉安市永丰县创建了永丰一帆繁殖基地，基地面积约250亩，在云南省文山州富宁县成立了富宁一帆标粗基地，基地面积约50亩，是一家快速增长型的苗种企业。

圆头鲫

“一帆”应运而生

公司创始人梁洪海1992年6月毕业于湛江水产学院淡水渔业专业，同年7月分配至广州市珠江华侨农场水产科工作，担任华侨农场属下珠江鱼苗场技术员，珠江鱼苗场当时刚刚组建成立，主要从事加州鲈、海鲈、尖吻鲈、斑点叉尾鮰、鲫鱼等水产品种的苗种繁育及商品鱼养殖。

五涌基地平面图

1997 年珠江鱼苗场进行体制改革，梁洪海辞去公职，承包珠江鱼苗场，独立经营，自负盈亏。凭着对水产事业的热爱，梁洪海长年扎根水产种苗健康繁育一线。因其兢兢业业的工作态度，其负责的水产苗种业务不断发展，养殖基地面积也由原来珠江鱼苗场不足 50 亩，发展到 2003 年的 600 多亩，经营品种有丰产鲫（圆头鲫）、鳗鱼、工程鲫、宝石鲈、胭脂鱼、丁桂、叉尾鮰、匙吻鲟、岩原鲤等。

梁洪海特别注重研究繁育丰产鲫（圆头鲫），1998—1999 年从云南、山东、河南、江西、江苏等省引进高背鲫、银鲫、彭泽鲫、兴国红鲤等，一代一代选种选配，杂交优化，经过中山、顺德等传统养殖区域多年的养殖实践。2007 年，不少养殖户反馈，珠江鱼苗场生产的鲫鱼苗种生长速度快，市场卖相好，易捕捞耐运输，其中中山东凤、东升、阜沙一带养殖户为区别市场上其他品种鲫鱼苗种，将珠江鱼苗场当时生产的鲫鱼苗种称之为圆头鲫。

2007 年开始，当时珠江鱼苗场生产的丰产鲫（圆头鲫）生长性能具有良好口碑，销量几何式增长，供不应求，为了将丰产鲫（圆头鲫）做大做强，2008 年 1 月，梁洪海注册资金 500 万元，成立了广州市一帆水产科技有限公司，重点研究丰产鲫（圆头鲫）繁育与养殖技术推广。

年产苗种超 8 亿尾

2008 年成立广州市一帆水产科技有限公司至今，梁洪海近三十年如一日，扎根水产种苗繁育一线生产实践，不断进行技术创新，带领企业获评“农业农村部水产健康养殖示范场”“广州市市级水产良种场”“广东省省级水产良种场”“广东省无公害农产品产地”等资格认证，制定了广州市地方标准“岩原鲤养殖技术规范”，梁洪海先生 2011 年获南沙区突出贡献人才奖三等奖；2017 年当选广州市政协第十三届委员；2017 年获广东省农业技术推广一等奖；2020 年获评广州市南沙区劳动模范。

如今广州市一帆水产科技有限公司南沙基地拥有水产苗种繁育生产较为先进的基础设施、仪器设备及配套设施，比如达 2000 平方米的工厂化繁育车间，1500 平方米苗种培育、驯化棚内圆池，15000 平方米大型室外培育池，亲鱼培育池塘 250 亩，苗种培育池塘 320 亩，水源净置池塘 40 亩，水质过滤蓄水池 500 立方米，自动控温冷热水系统两套以及会议室、实验室、质检室、资料室、档案室等各类办公设施，实验、质检设施齐全。

广州市一帆水产科技有限公司成立多年来，坚持与时俱进，紧紧依靠广大养殖户共同发展，一直以诚信、质量获得业界认可，坚持以客户为中心，品质优良、服务一流的经营理念，为广大水产养殖户提供最优质水产苗种，目前主要生产苗种有：丰产鲫（圆头鲫），年生产约 3 亿尾；加州鲈约 2 亿尾；杂交生鱼约 5000 万尾；宝石鲈约 1 亿尾；斑点叉尾鮰约 2000 万尾，其他还有岩原鲤、匙吻鲟 、胭脂鱼、缩骨大头等品种。合计年产苗种总量超 8 亿尾，产值 3000 多万元。

培育车间

2008 年 12 月，经上级渔业主管部门、专家评定为广州市市级良种场；2013 年 9 月 ，经上级渔业主管部门、专家评定为广东省省级水产良种场；2018 年被评定为农业农村部水产健康养殖示范场。

2013 年，该公司科技成果获广东省科学技术奖三等奖；2015 年获江西省农牧渔业技术改进奖二等奖；2016 年 12 月获广州市南沙区实施自主创新标准化奖励；2017 年 10 月获广东省农业技术推广奖一等奖；2019 年 4 月获广州市科学技术成果奖。

选育胭脂鱼等特色鱼种

胭脂鱼又名黄排、粉排、白排、火烧鳊、红鱼、燕雀鱼、火排、中国帆鳍吸鱼等，生长于长江水系，卵生动物，国家二级重点保护动物，由于胭脂鱼体型奇特，体色鲜艳，外形有“一帆风顺”的寓意。

广州市一帆水产科技有限公司，在 1999 年从重庆万州区水产研究所（国家级胭脂鱼原种场）引进子二代胭脂鱼鱼种 1 万尾，混养在鳗鱼池塘中，2001 年按照胭脂鱼的形态标准挑选出 3500 尾个体 2 千克以上的成品鱼，专塘养至 2005 年，挑选个体大于 8 千克的成熟个体雌鱼 1000 尾、雄鱼 300 尾留作亲本，加强培育，于 2006 年孵化子三代胭脂鱼鱼苗，从 2006 年孵化出的子三代胭脂鱼苗种中挑选 1 万尾专塘饲养，2012 年从中挑选个体大于 8 千克的成熟个体，雌鱼 500 尾，雄鱼 100 尾留作亲本专塘饲养，于 2013 年本场孵化子四代胭脂鱼鱼苗。从 2013 年孵化出的子四代胭脂鱼鱼苗中挑选 1 万尾专塘饲养，2019 年从中挑选个体大于 8 千克的成熟个体，雌鱼 500 尾，雄鱼 100 尾留作亲本专塘饲养，在 2020 年孵化出子五代胭脂鱼。从 2020 年孵化出的子五代中挑选 1 万尾专塘饲养，计划 2027 年孵化出子六代胭脂鱼苗，生长优良性状和遗传性状基本稳定，到时报请国家原良种审定委员会对生长和遗传性状稳定的亲鱼进行种质检验，检验合格，认定为胭脂鱼良种，进入良种亲本库推广应用，检验不合

格，重新进入新一代选育，一直选育到优良性状和遗传性状稳定，种质检验合格为止。

除了胭脂鱼，公司还选育了丰产鲫（圆头鲫）、宝石鲈、岩原鲤、加州鲈等。其生产的丰产鲫（圆头鲫），多年来在中山、顺德、广州等传统养殖大区，具有良好口碑。丰产鲫（圆头鲫）是该公司最近连续5年销量第一水产苗种，年销售稳定1.5亿尾以上。面对近年鲫鱼孢子虫、出血病严重流行，一帆从2017年开始研究繁育高抗孢子虫、出血病新品种丰产鲫（圆头鲫），2019年已经在少数养殖场养殖实践中初显成果，2020年已销售1200万尾；一帆在2008年规模成功繁育宝石鲈，目前所属场有澳洲宝石鲈亲本4500多尾，年生产宝石鲈苗种约1亿尾；2016年初，一帆从台湾引进加州鲈亲本25000多尾，经一代一代选优选配繁育生产的加州鲈鱼苗生长性能好，抗病能力强，驯食率高，耐长途运输，为了将加州鲈苗种繁育事业发展壮大，一帆于2018年、2019年投资合计500多万元，在南沙区珠江街五涌基地建成2000平方米室内温控鲈鱼繁育车间、1500平方米棚内鲈鱼驯化培育池。2020年，该公司又投入600多万元在广州市南沙区现代渔业产业园区建设工厂化循环水鲈鱼繁育车间。

促娃娃鱼资源恢复——

广州华宝珍稀水产养殖有限公司

广州华宝珍稀水产养殖有限公司是一家专业从事大鲵和珍稀龟类全人工繁养研究的民营企业，被国家科技部列为“国家星火计划项目”重点支持企业，农业农村部水产健康养殖示范场、全国野生动物保护分会常务理事单位，省级大鲵良种场，广东省水生野生救护基地，“广州市民营科技企业”，广州市“龙头企业”。

公司总占地面积共70亩，建有孵化育苗车间、先进的循环用水系统、控温系统、实验室等，员工60人，其中本科及大专以上学历13人。常聘资源水产专家教授组成企业科研技术顾问团，在养殖、饲料、病害防治等多个领域进行研究和开发，促使娃娃鱼资源恢复和养殖产业的持续发展。

养殖车间

为保护环境繁育大鲵

公司董事长何新梁在20世纪80年代于广东与湖南两地经营能源和建材生意，机缘巧合下，与长江研究所水产科研工作者相识过程中认识到大鲵，并了解到当时大鲵生存环境受多方面影响，大鲵资源蕴藏量急剧下降，在自然环境中由于外界多种因素的影响，其成活率不高，急需发展人工繁育。

为回报社会，保护和开发利用造福人类，何新梁于湖南投资试点开展大鲵人工繁育研究，经数年反复试验，决定将大鲵迁地保护，经各级政府同意立项成立华宝公司并迁址于花都梯面镇。迁址数年，已经投资数千万元同时还在持续亏损的情况下，也没有动摇何新梁先生保护大鲵的决心，决定继续投资大鲵人工繁育技术研究。皇天不负苦心人，在长江水产研究所的技术支持下，终于率先突破大鲵人工繁育技术，并经中科院赵尔宓院士、中国工程院林浩然院士、刘筠院士科学论证鉴定，实现对中国大鲵全人工繁育技术零的突破。

在人工饲养条件下，繁殖是通过人工催产和人工授精获得受精卵。公司通过标记对比，分析各种群大鲵性状特性，经历3轮每轮50%淘汰的6年选育时间，形成性状稳定的亲本。于2003年，公司已经拥有15000多尾子二代亲本。

其后，公司继续加大投资，扩大自有种群，积极参与公益放流，壮大野外种群，并进一步开发苗种繁育技术，优化繁育技术路线，不断突破产量，并开发出适应多地区人工繁养的华宝大鲵，现公司苗种繁养量达到30万尾。同时公司发展珍稀龟类养殖研究，对三线闭壳龟和黄喉拟水龟繁育进行开发研究。

2015年在全国水生野生保护分会的带领下，正确引导养殖户养殖，开放政策，扩大大鲵的销售市场，引导整个行业培育起健全的市场规模和秩序，公司参与推动大鲵标识化溯源管理，接待全国各地代表团，讲解溯源管理方法并实现大鲵销售全国统一，让大鲵销售可溯可查，令大鲵真正走上全国餐桌。

打造重要水产苗种企业

公司于1996年将养殖场地建立在广州市花都区梯面镇横坑村。多年来，公司加大投入，扩大繁殖场地，筹资众多，充实水产养殖科研人才，公司也逐渐发展成为重要的水产苗种企业。

在育种方面，经过几年的艰苦奋斗，刻苦钻研，突破了人工繁殖娃娃鱼技术，解决了娃娃鱼（大鲵）性腺发育不同步的世界级难题，繁殖出大批子一代及子二代苗种。

破壳后苗种

随后，公司不断发展壮大，现已具有一支拥有先进技术和产业化养殖的科研队伍。通过由中科院赵尔宓院士、中国工程院林浩然院士、刘筠院士、中国水产科学院长江水产研究所刘鉴毅和东海水产研究所庄平的成果鉴定，一致评定为“在产业化关键技术和规模化生产能力方面均达到国际领先水平”，同时获得广东省科技进步奖三等奖。

大鲵

公司从2003—2019年受政府相关单位组织先后在湖南张家界、广东河源、清远连南、连州、广州从化、广州白云湖等地野外增殖放流娃娃鱼子二代种苗。进行野外增殖放流，达到保护生态平衡，造福人类的目的。

2017年，公司计划投资3000万元新建良种繁育基地，适合新繁育技术建造的生产车间，建立监测检疫室、实验室。同时迎合时代发展，建立科普站和电商网络，完善物流体系，种苗、商品销售一体化采购中心，整合品牌、网络推广、售前售后，实现“互联网+”模式，减少中间环节，提高销售效率。

公司成立20多年来，历经多年选育，不断提高公司养殖标准，子二代种苗供应给临近和周边农户养殖，与在众多农户建立合作关系。据初步统计，与该公司挂钩的养殖农户120多户，养殖从业人员600人，并建有专业养殖合作社，产品远销全国。该公司希望带旺珍贵水产业养殖，带动农户脱贫致富，为乡村振兴添砖加瓦。

斑节对虾新品口碑好——

珠海长丰水产种苗科技有限公司

珠海长丰水产种苗科技有限公司成立于 2008 年，位于珠海市斗门区鹤洲北垦区，占地 110 亩，其中现代标准池塘 80 多亩，工厂化种苗繁育车间 6 间，育苗水体共 1.3 万立方米，繁育车间配套先进的水质处理和控制系统、供氧系统、温控系统、产品检验检疫系统和科研实验室等。这是一家集良种选育、繁殖与推广水产良种种苗的省级良种场企业。公司参与了中国水产科学研究院南海水产研究所“南海 1 号”“南海 2 号”新品种虾苗研发，并大力推广新品种虾苗。2018 年该公司被评为广东省斑节对虾良种场和农业农村部水产健康养殖示范场。

经过数年的推广，“南海 1 号“与“南海 2 号”个体大、长速快、适应性强、养殖产量效益高等优良性状，深受养殖从业者喜爱；虾苗市场迅速拓展，良种覆盖率迅速扩大。目前，该场对虾良种种苗推广至粤桂琼、沪江浙闽等南方省（区、市）及鲁京津辽等北方省市。2020 年,“南海 2 号”被评为广东水产种业十大名优品种。

严格生产流程

公司成立以来，确立了“以科技为指导，以涉渔科技单位为依托，致力吸收消化育种科技；开展对虾良种选育，生产优质虾苗，打造对虾品牌，创建现代水产种业基地，推广良种良法，推进水产健康养殖发展”的宗旨。

据悉，公司借鉴斑节对虾选育种技术，用在刀额新对虾、凡纳宾对虾、日本对虾等品种选育种上，虾苗生产中严格执行公司制定的亲虾和苗种质量标准（企业标准）。在生产方面，该公司执行和掌握优质虾苗繁育关键技术控制点、操作规程、建立优质虾苗繁育技术体系及标准。在选育方面，严格把好每个品种的良种生产每个阶段的技术操作管理关，狠抓虾苗质量。目前，该公司品种虾苗产量与质量也大幅度提高。

值得一提的是，公司始终坚持执行《水产养殖度量安全管理》相关规定，把好投入物使用关，规范虾苗繁育技术，把好苗种质量关；各级部门历次检验检疫和种苗质量安全抽样检测，均达到“零抗生素”“零违禁药品”“零药线”的佳绩，被评为珠海市质量安全先进单位。2016 年，公司被评为广东省高新科技企业，且本司的“优质培育虾苗的生态养殖技术”并认定为广东省高新技术产品。

致力良种推广

公司与中国水产科学研究院南海水产研究所、中山大学等涉渔院校建立科技推广与成果应用等合作关系，在对虾选育种推广方面取得显著成效。该公司参与中国水产科学研究院南海水产研究所主办的《斑节对虾遗传育种研究及新品种推广应用》，并荣获 2016 年度广东省科学技术奖一等奖单位奖和叶振彪个人奖。

同时，公司为增强服务意识，在生产经营过程中，对亲虾和苗种进行质量跟踪和售后服务，公司经常组织公司技术骨干与南海水产研究所的专家，定期为对虾养殖户进行售前、售中、售后服务，开通 24 小时热线电话，随时为养殖户排忧解难。公司培育的各类鱼苗虾苗等在省内外广大客户中赢得良好的信誉和口碑。公司长期与南海水产研究所建立技术合作单位，成为南海水产研究所实验基地。在技术依托单位的指导下，引用国标制定企业标准和良种选育技术路线，并在公司内公布并强制执行；引进多个原产地的野生亲虾，进行科学选育，选留优良性状显著、WSSV 抗病性能强良种亲虾；抗纯复壮繁育虾苗亲虾，生产良种虾苗。

经养殖试验表明，公司选育的亲虾产卵量高、孵化率（幼体到仔虾）高。选育的亲虾生产虾苗具如下优势：一是生长速度快，与未选育斑节对虾虾苗比较，生产速度快 20% 以上。成虾个体大规格整齐，体重和体长变异系数低。二是发病率较低，养殖成活率比普通斑节对虾平均提高 10% 以上。三是适应性广，华南沿海可年养两茬，东南沿海以北可年养一茬。公司制定质量检验和防疫检疫制度，在引进或出售亲本、苗种或成虾，都主动向有资质的防疫检疫、质量检验单位申请产地检疫质量检验，发现有问题决不购进或出售。自觉接受省、市、区渔业主管部门对虾苗种、成虾的抽检，连续 7 年以上未有药物残留等质量安全问题。

建设种苗繁育基地

2020年，该公司与珠海市平沙台创园新签约100亩现代化孵化基地（珠海现代渔业种苗繁育基地），以建立“国家级水产良种场”为目标，总投资超过6000万元。在台创园基地中，公司更加亦会多方面发展，围绕海鲈、黄鳍鲷等苗种繁育、品种选育和健康养殖，运用现代渔业新技术、新成果、新模式，建设“现代渔业种苗繁育基地”，并将其打造成“珠海市渔业科研成果转化示范基地”“珠海市现代渔业产学研示范基地”“珠海市现代渔业教育科普基地”“国家级水产良种场”，并以此为主要平台，开展相关科研、示范与推广工作，带动广大养殖户增产增收。

【相关阅读】

一、斑节对虾“南海1号”新品种

品种名称：斑节对虾“南海1号”

品种来源：“南海1号”斑节对虾是中国水产科学院南海水产研究所以我国海南三亚、临高、文昌和泰国普吉岛4个野生群体为基础群体，通过群体选育方式，经过连续5代选育得到的有比较明显抗逆优势、生长速度较快的斑节对虾品种。

特征特性：“南海1号”斑节对虾生长速度快，比普通斑节对虾体长平均增长4.5%～7.9%，体质量平均增长11.5%～25.2%。连续5年的推广应用结果显示，“南海1号”在生长速度快这一优良性状稳定，体质量生长速度比未选育斑节对虾快20%以上，同时对虾个体规格整齐度好，体质量和体长变异系数要比未选育斑节对虾低。

斑节对虾“南海1号”

此外，在养殖过程中“南海1号”总体发病率较低，养殖成活率比普通斑节对虾平均提高10%以上。南海所专家认为，“南海1号”适合于我国沿海半咸淡水或海水淡水资源丰富的地区养殖，其中广东、广西、海南三省（区）可养殖两茬以上，而福建至辽宁各省沿海地区可以养殖一茬，由于其是热带亚热带虾种，养殖适宜生长水温在25℃以上。

二、斑节对虾“南海2号”新品种

品种名称：斑节对虾“南海2号”

品种来源：斑节对虾“南海2号”是以我国南海海南岛三亚、临高、文昌和泰国南部（普吉岛）海域野生斑节对虾为基础群体选育的斑节对虾“南海1号”（品种登记号：GS-01-009-2010）为母本，以2009年从非洲南部附近海域引进并经5代家系选育获得的斑节对虾非洲品系为父本，杂交获得的F1代，即斑节对虾“南海2号”。

特征特性：斑节对虾“南海2号”体表光滑，体色由暗绿色、深棕色和浅黄色环状色带相间排列，壳稍厚、游泳定浅蓝色，其缘毛桃红色，总体上外形形态与其他品种的斑节对虾无明显区别。

目前，斑节对虾“南海2号”主要以精养、滩涂生态养殖及土池半精养模式为主，已经在广东汕尾、南沙、珠海、阳江，海南三亚和乐东进行了示范养殖，池塘养殖平均亩产达到203～510千克，充分突出生长快速、养殖成活率高的特点，适合我国沿海对虾海水养殖区养殖，尤其适合半咸淡水或海水淡水资源丰富的对虾养殖区。

斑节对虾“南海2号”

入选粤港澳大湾区“菜篮子”名单——

珠海市斗门区添源果牧有限公司

珠海市斗门区添源果牧有限公司由陈厚添成立于2000年。经过20多年的艰苦奋斗，在滚动发展、积累的基础上，“公司+农户”规模不断扩大，现公司拥有尖塘鳢（笋壳鱼）省级良种场以及省级标准化养殖示范基地500亩；占地1000亩、年产种猪十万头的大型良种猪场一个；1000亩名优水果种植场一个；3000亩的经济林场一个；占90%股份的水产养殖专业合作社一个；佛山市南海区环球水产市场添源水产零售和空运批发包装中转站一个；资产总值超过2亿人民币，为公司今后的发展打下良好的经济基础。公司入选首批粤港澳大湾区245家“菜篮子”生产基地名单，珠海市有13个生产基地上榜。

引进笋壳鱼

该公司为什么把目标锁定“笋壳鱼”，这不得不提创始人的故事。20世纪90年代中期，公司创始人陈厚添一行人从珠海出发，远赴柬埔寨考察，期间吃到当时野生的泰国笋壳鱼，当时瞬间被这条鱼的鲜美味道和细嫩的肉质所吸引，便下定决心把这条鱼带回珠海。一回到珠海就开始着手干这件事情，翌年夏天终于顺利地从泰国进口回来一些泰国笋壳鱼的种鱼和鱼苗，放在该公司养殖场的鱼塘开始养殖。前几个月一直很顺利，笋壳鱼健康地成长，但是到了11月末，陆续出现死鱼漂浮在鱼塘里，到了翌年春天这一批笋壳鱼全军覆没。刚开始思前想后都没有找到问题出在哪里，后来受到养殖罗非鱼的启发，总结出结论是冬天珠海温度太低，导致笋壳鱼无法过冬。

陈厚添没有放弃，翌年夏天再引进一批笋壳鱼，这次因为有一些经验了，对水质水温进行了调整，因此这批笋壳鱼全部成功越冬。接下来遇到了一个瓶颈，泰国笋壳鱼生长速度慢，从孵化到长成500克，需要一年零三个月。为了破冰只有进行基因改良，最好的方法就是杂交，因此该公司引进了澳洲笋壳鱼，让它跟泰国笋壳鱼杂交，这样出来的杂交笋壳鱼具有生长速度快、驯化吃冰鲜饲料效果更好，具有更高的经济价值。

杂交笋壳鱼

笋壳鱼杂交选育

据悉，公司目前有的尖塘鳢原种包括云斑尖塘鳢（泰国笋壳鱼）、线纹尖塘鳢（澳洲笋壳鱼）和杂交选育种，主要在1998—2002年期间从国外引进养殖的后代经杂交选育而成。

近20年来，公司一直重视尖塘鳢育种研究工作，与中国水产科学研究院珠江水产研究所、珠海市现代农业发展中心、华南师范大学海洋学院、广东省水产技术推广站等单位开展尖塘鳢选育等相关研究。公司通过良种技术更新改造，精心利用现有资源，适量引进新的亲本，严防亲本混杂和开展良种选育；还制定了地方标准《无公害食品 尖塘鳢属鱼类池塘养殖技术规范》（DB 440400/T 54—2013）《无公害尖塘鳢 产品质量（收购）标准》等。

近年来，公司通过对云斑尖塘鳢、线纹尖塘鳢自繁及其不同杂交、回交组合的子一代在同一养殖条件下形态性状和生产性能的比较研究，为尖塘鳢人工杂交选育与繁殖生产提供生产依据和实践经验，同时开展杂交尖塘鳢一系列产业化技术和应用的研究，为建立优良的本土化尖塘鳢品系提供基础理论和生产经验，并将总结的技术和理论广泛应用生产实践中，建立了一套杂交尖塘鳢产业发展技术体系，为优良本土化亲本、生产优质苗种、提升养殖效率、拓展销售渠道，推动尖塘鳢在我国产业化发展提供了技术支撑。

公司于2013年和2017年从国外引进3批共计4000多尾云斑尖塘鳢进行亲本更新，建立家系80组，目前公司优选保留得家系云斑尖塘鳢亲本10组，亲本3000多尾，经杂交选育种亲本2000多尾，每年生产亲本3万～5万尾，其中每年供应珠三角尖塘鳢种苗场近2万尾。每年生产、销售笋壳鱼鱼苗3000多万尾，同时每年收购、销售商品鱼300多万千克（仅每天空运到北京、上海、江苏、浙江、福建、四川等地市场近1万千克，每月近25万千克），产值3亿多元，已发展为目前全国最大的笋壳鱼种苗场和养殖、销售平台。

打造笋壳鱼龙头企业

20多年发展，公司已经形成“公司+农户”为核心、企业化统一管理的产业链模式，在现行合作模式的基础上，根据国家《食品安全卫生预防控制体系》的标准进一步做好生产流程的结构优化、质量控制和环境监督工作。

据悉，公司内部培训多名专业技术人员，通过学习鱼塘管理、鱼病防治、鱼饵料施放、营养配给和水质监督等五大方面的专业知识，全面提升其综合能力。

公司从提供自己选育的鱼苗给合作农户，并配备一名已通过培训的专业技术人员定期地参与农户的整体养殖过程，实行监督、技术指导、突发情况控制以及总结报告等工作，使农户养殖过程标准化，养殖成品优质化，养殖产量效益化。他们还根据《食品安全法》的标准回收农户养殖达标的优质成品鱼，通过药检后销向全国各地水产市场、酒楼、酒店。从产到销实行一条龙服务，从而省去中间流通环节多的成本，使之规范化经营、标准化生产、市场化运作。

公司优化了“公司+农户”的模式，遵循绿色养殖原则，创新养殖技术，提高企业和农户整体生产力，以纯天然的养殖技术、无污染的生产环境、高品质保证的特点作为推广策略，已成功打造出国内优质笋壳鱼品牌——“添源笋壳鱼”，并注册了“添源笋壳鱼TIMYANSKY”商标。目前除了满足广东省内各大星级酒店、酒楼、农庄的供应；还远销到北京、上海、杭州、宁波、江苏、福建、贵州等地；成为广东省乃至全国笋壳鱼种苗、养殖和销售行业的龙头企业。

杂交尖塘鳢的项目技术每年在珠海及周边地区应用推广面积达15000多亩，实现了标准化养殖生产，也形成渠道畅通的大型专业销售公司，杂交尖塘鳢规模化、产业化发展格局已形成，有力推动了我国尖塘鳢产业化、规模化发展。该公司获得科技成果1项、国家新型实用专利2项，国家发明专利2项，珠海市科学技术进步奖二等奖以及广东省农业技术推广奖三等奖2项。

全国首个批量繁育四指马鲅良种场——

珠海龙胜省级水产良种场

珠海龙胜省级水产良种场（以下简称“良种场”）成立于2008年6月16日，育种经验丰富，技术臻熟，特别在培育高端良种四指马鲅鱼方面技术领先，是全国首个成功批量繁育四指马鲅的良种场。龙胜良种场是珠海最早成立的良种场之一，受当年优惠政策扶持，在选址方面具有先发优势，拥有得天独厚的水资源和地理区位便利等优势，是良种优选优育稀缺资源与交通运输中枢完美结合的典范。

良种场水资源得天独厚，位于珠江出海口，水域辽阔，河道纵横交错，池塘星罗棋布，风光优美迷人，如诗如画，这里气候温暖、水质优良、土壤肥沃、生物多样性极为丰富，具有发展河口渔业独特的优势。依托当地的资源优势，根据市场需求和政策要求逐年扩建，良种场已经发展成为一个标准规范、配套完善的现代化的水产养殖基地。

良种场占地面积十多万平方米，拥有150多亩亲鱼池和种鱼培育池，配套3000平方米保温池及繁育车间，场内设有蓄水池、砂滤池、净化池、轮虫池、实验室、档案室和海洋生物标本馆等，良种场承担海水鱼种质资源的保种、引种、育种及相关科研工作，开展水产名特优品种的人工繁殖、绿色健康生态养殖技术的研究和现代养殖模式的示范推广等工作。

良种场技术条件成熟，有着丰富的实践管理经验，培养了一支稳定的、具有20多年育种经验的中高级职称专业技术队伍，同时与国内多家科研院校开展密切的技术交流与合作，是集产、学、研和示范推广于一体的省级水产良种场。

良种场积极践行水产种苗溯源、水产疫病检测、绿色健康养殖“五大行动”的良种场，并成立了珠海首家海洋生物科普馆。

主要开展黄尾鲻和四指马鲅良种繁育

良种场主要从事海水鱼原种的保种育种、良种选育、苗种繁培育以及商品鱼养殖生产，已经成功培育出名、特、优水产种苗20多个品种，具有规模化生产四指马鲅、黄尾鲻、黄鳍鲷、海鲈、黄姑鱼、黑鳍、金钱鱼和罗氏沼虾等良种的市场能力。春夏季主要开展鲻鱼类和四指马鲅、秋冬季则开展鲷、鲈、石首科鱼类和虾类种苗繁育，一年四季都有苗种生产和供应，是广东省重要的海水鱼苗种供应基地。

良种场年产量达1亿尾以上，产品不仅销往珠海、中山、番禺、阳江、新会、江门、东莞、汕头和湛江等地，还辐射到广西、海南、福建、浙江和上海等地。

推行生态健康养殖技术

良种场经过十几年长时间理论探索和生产实践储备，逐渐打造出一套先进实用的海水鱼类种苗繁育指导思想、技术路线和生产工序，建立和完善水产种苗源头追溯机制。为提高水产品质量，全面实施水产苗种产地检疫制度，从苗种流动的关键环节入手，强化产地检疫和执法监督，严格控制重大疫病传播，确保水生动物安全、水产养殖环境安全、水产品质量安全和推动水产健康养殖绿色发展。

与国内科研院所深入合作，与南海水产研究所、东海水产研究所、华南农业大学、仲恺农学院、深圳大学、上海海洋大学、广东海洋大学及珠海市现代农业发展中心建立了长期的合作关系，为公司的发展提供了强劲的技术支撑，建立了农业部海水养殖生态与质量控制重点开放实验室，作为工厂化养殖试验基地，先后完成了珠江青鲻、金钱鱼、浅色黄姑鱼和黄鳍鲷鱼的成果鉴定。

采用“科研单位＋公司＋基地＋合作社＋农户”的运作模式，推行生态健康养殖技术，开展规模化、专业化、产业化生产，依托技术研发，推动种业水平进步，加快省级良种场向国家级良种场的转化进程，同时推动产业向多元化、品牌化、高质化发展，致力乡村振兴，将良种场建设成为集种苗研发、养殖示范、会展交易、休闲观光和科普教育等为一体的渔文化产业园。

近年来贴近市场供求变化，优化品种结构，将研究和开发的重点放在金湾马友鱼（四指马鲅鱼）上，集中优势资源打造“一条鱼”高端产业和品牌。

金湾马友鱼品质优良，经济价值高，龙胜企业对该鱼长期研发，拥有成熟的育种繁育技术，种苗繁育规模于多年前已居国内领先水平。随着人们经济水平增长，消费能力提高，对品质好、肉质细腻的高端鱼类产品的需求将进一步提升，优质高端鱼类具有非常广泛的市场前景，随着2020年良种场成功获得广东省省级四指马鲅良种场资格认定，公司良种产业的发展必将再上新台阶，继谱新篇章！

【相关阅读：历年所获科研成果和企业荣誉】

一、科研成果

1. 2010年《浅色黄姑鱼池塘养殖技术产业化模式探索》《金钱鱼全人工繁育和养殖关键技术推广》获得了广东省农业技术推广奖三等奖。

2. 2011年《珠江清鲻（棱鲅）全人工繁育及批量性生产技术推广》获得了广东省农业技术推广奖三等奖。

3. 2015年获得省农业厅鲷鱼种苗培育关键技术及产业化示范推广二等奖。

4. 2017年获得省农业厅鲻鱼类苗种繁育及产业化生产示范推广一等奖。

5. 2018年四指马鲅推广应用获得省农业厅二等奖。

二、企业荣誉

1. 2010年获得省级黄尾鲻良种场认定，2020年获得省级四指马鲅良种场资格认定。

2. 2013 年被评为农业部水产健康养殖示范场。

3. 2016 年南海水产研究所在基地挂牌为马鲅产业化研究与示范基地；2016 年华南农业大学在基地挂牌为产学研合作基地。

4. 2019 年确立为“广东省渔业技术推广总站水产追溯示范基地”；2020 年广东省水产健康养殖示范点；2021 年被广东省农业技术推广中心评为水产绿色健康养殖节能减排示范基地。

5. 2020 年被列入五大行动“水产种业质量提升”示范单位；2020 年被列入五大行动“水产养殖用药减量”示范单位；2020 年设立“水产苗种产地检疫示范点”。

6. 2021 年被定为珠海市黄鳍鲷健康养殖示范点；2021 年被列入珠海市产业发展重点企业名录；2021 年被评为珠海市金湾区农业龙头企业。

走现代农业发展之路——

珠海德洋黄鳍鲷省级良种场

珠海德洋水产养殖有限公司成立于2012年，是一家专门从事供港特色鱼虾、种苗培育、鱼虾生态健康绿色养殖、水产品加工冷链物流运输一体化的水产养殖公司。通过不断提高自身技术，努力推广特色品种，坚持走绿色农业、品牌农业、科技农业的现代农业发展之路。公司本着一二三产融合的指导思想和“一产创品牌，二产补链条，三产优环境”的发展理念，积极参与粤港澳大湾区的建设，着力发展农村新产业，农产品加工转化增值，大力发展田园综合体建设，努力实现一二三产融合发展。

公司已获得“高新技术企业”“农业部无公害农产品基地”“农业部水产健康示范场”“珠海德洋黄鳍鲷省级良种场”“珠海市农业龙头企业”“粤港澳大湾区菜篮子基地”“广东省出口示范基地”“珠海市十大现代农业科研示范基地”ISO9001质量管理体系和出境动物养殖企业注册等多项认证。

拥有多项发明专利和商标

公司自成立以来，时刻坚持着“源于自然、不忘初心”的经营理念，秉承“绿色无抗、技术创新、细致管理、持续改进”的质量方针，聚集一支积极热情、理念一致、勤奋敬业的经营管理团队，积极与各大院校及研究所合作，帮助养殖户提升农业养殖经营水平，带动周边养殖户共同发展。

公司积极与广东海洋大学、南海水产研究所等科研院所开展深度合作，签订了合作协议。公司已有发明专利 2 项，实用新型 15 项，商标 19 个。

德洋公司已有的商标

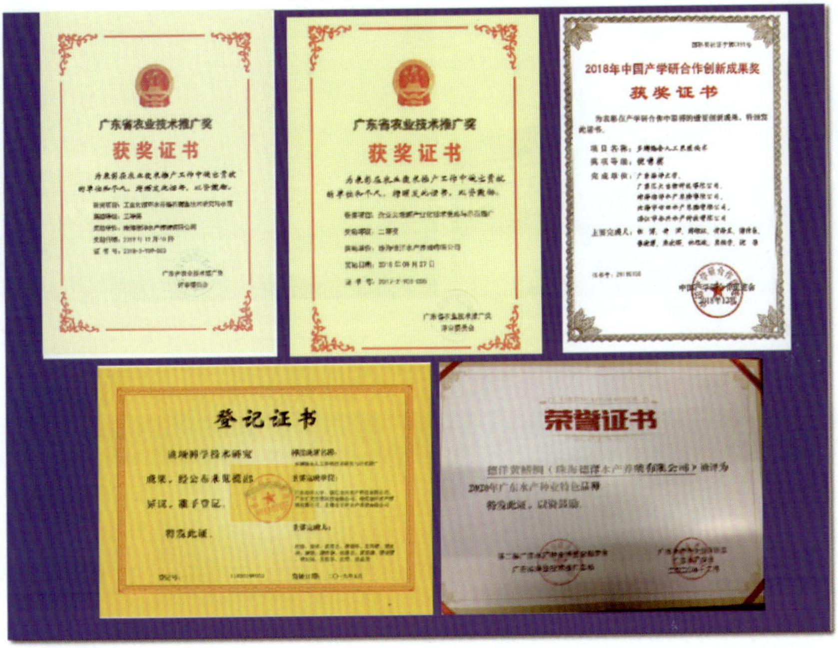

德洋公司所获得的奖项

年供应黄鳍鲷苗种 1000 万尾

黄鳍鲷省级良种场位于珠海市金湾区红旗镇，一期基地面积 246 亩，有全钢架室内车间 3800 立方米，苗种培育水泥池水体 8700 立方米，亲本选育及强化的池地膜高位池 15 口（约 3 亩 / 口），孵化池及育苗池 24 口（水体 1144 立方米）、1 个蓄水池（水体 1000 立方米），饵料池为浮游动物培养池 9 个（总计水体 4330 立方米），6 口咸淡水井以及配有饵料贮存冷柜和饲料药品贮存间及独立的进水系统，污水处理池面积 600 立方米。基地全采用中央排污系统，并将养殖废水集中收集处理进行再循环利用，配套沉淀池、过滤池、水处理池、饲料仓库、药品仓库、水质分析、生产管理用房、职工宿舍和食堂，供电、供气、供热、供排水处理系统及工厂化养殖循环水处理等设施。

通过亲鱼选育车间，苗种孵化车间和循环水工厂化苗种培育车间以及配套蓄水池、饵料池、污水处理池等基础设施建设，每年满足选育黄鳍鲷苗种 1000 万尾的能力，达到满足珠三角和周边地区对黄鳍鲷苗种供应量的需求。

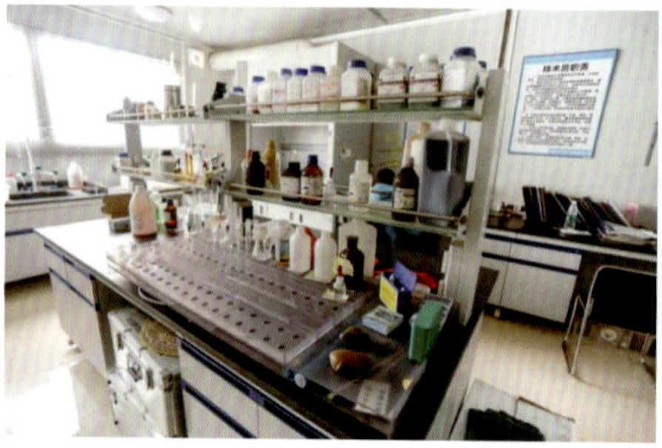

公司知识产权情况

序号	专利名	类型	专利号
1	一种多鳞鱚的人工繁育方法	实用新型专利	ZL 201210515206.9
2	一种改善红螯螯虾脱壳的辣木饲料及其制备方法	发明专利	201710963446.8
3	一种低盐度地区广盐性鱼类品质提升的养殖方法	实用新型专利	201910235160.7
4	一种池塘工程化循环水养殖系统	实用新型专利	201920940585.3
5	黄鳍鲷循环水养殖管理系统	软著登记	第 7185791 号
6	黄鳍鲷苗种标粗管理软件	软著登记	第 7185759 号
7	黄鳍鲷循亲本培育管理系统	软著登记	第 7185760 号

选育黄鳍鲷快速生长新品系

黄鳍鲷技术团队采用群体选育技术，获得亲鱼。选育时，严格分清每个群体的产地。将不同群体的黄鳍鲷专池培育，隔离保存，做好亲本档案，建立种质资源库。将不同产地或不同群体的雌雄交叉配对繁育后代构建新一代群体，随后再从中选育优良个体，进行保种。留种亲本具体规格如下：体质健壮，体表光滑无伤痕，颜色鲜艳，有活力的个体，雄性个体体质量应大于 250 克，雌性个体体质量大于 400 克。

黄鳍鲷快速生长新品系（种）选育方法如下：首先是收集我国不同地理群体的黄鳍鲷，建立丰富的种质资源库。然后根据表型性状（体质量、体长等）和遗传背景，对黄鳍鲷的种质资源进行评价。选择健康有活力的黄鳍鲷个体，构建选育基础群体。随后以一定选择强度选择表型性状优秀的个体做亲本，构建群体；根据家系图谱和遗传距离分析，选择合适的亲本继续构建群体，繁育子代；经过 4 ~ 5 代的群体选育，获得黄鳍鲷快速生长新品系（种）。

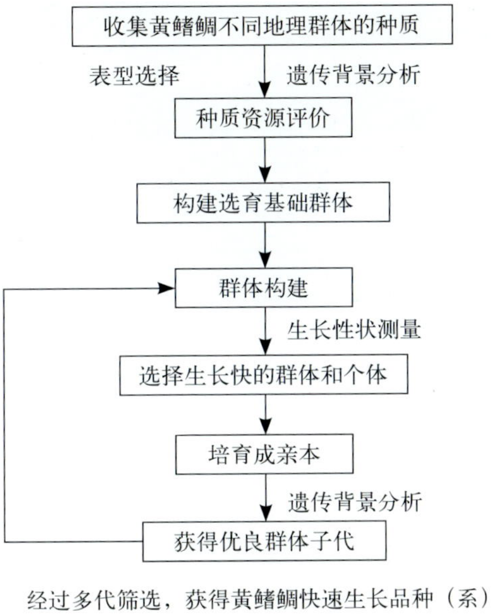

黄鳍鲷选育技术路线图

广东唯一海藻良种场——

汕头紫菜省级良种场

原汕头市水产研究所（2011 年改名为汕头市海洋与水产研究所，2019 年机构改革后合并为汕头市水产技术推广中心站）从 2000 年开始，将大型藻类的研究和开发定为科研主攻方向，承担了多项海藻相关科研项目，其中省科技专项 4 项、省部产学研合作专项 2 项、省科技兴海（兴渔）项目 4 项、汕头市科技计划项目 5 项以及其他专项项目。通过省部产学研结合项目“中国海洋大学汕头海洋生物技术创新平台”，完成粤东大型海藻资源的系统调查，建立粤东大型海藻种质库。

原汕头市水产研究所水产种苗场从粤东海域采集野生坛紫菜进行育苗及栽培试验，开展坛紫菜良种选育，从多个品系中选育出耐高温、生长快、品质好的坛紫菜“汕优 1 号”新品系。2010 年该场开始申报省级水产良种场的建设，于 2013

年 4 月被原广东省海洋与渔业局批准为省级水产良种场，定名为“汕头紫菜省级良种场”，成为广东唯一的海藻良种场。

紫菜良种攻关二十载

广东省粤东海域海藻自然资源十分丰富，也适合南北多种海藻的栽培。自 20 世纪 70 年代粤东地区开展紫菜栽培和人工育苗以来，紫菜产业不断发展，目前已达到规模化、产业化，并形成了种苗、栽培、加工、销售一条龙产业链。但至 21 世纪初，紫菜培苗场每年都是从人工栽培海区采摘一些紫菜作为种菜，没有经过严格筛选和提纯复壮，也没有新品种可以引进，造成紫菜品种退化，病害增加，产量下降，严重影响了紫菜栽培业的健康与可持续发展。

场貌

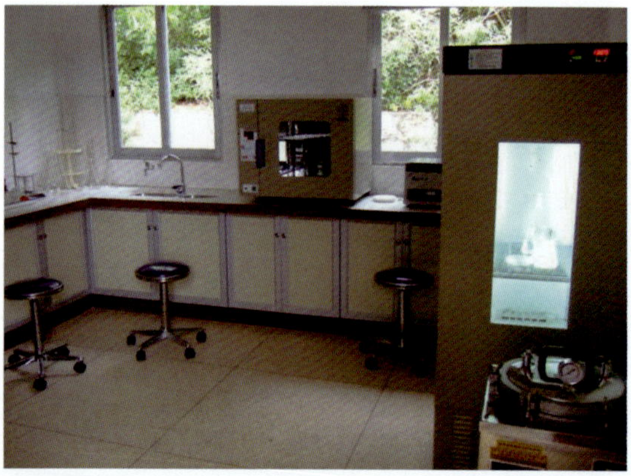

实验室

汕头紫菜省级良种场位于汕头市澄海区莱芜，省道从旁边经过，交通十分便利，周围便是著名的莱芜紫菜产区。良种场占地面积 5000 平方米，拥有育苗室 3 座，配备完善的供电系统、抽水系统、实验室、质检室、档案室及相关的科研、生产设施，配备有显微镜、解剖镜、水质分析仪、光照培养箱、烘干箱、高压杀菌锅、超净工作台等仪器设备。2000 年开始，良种场同汕头大学、中国海洋大学、上海海洋大学、集美大学等单位合作开展紫菜良种选育和育苗技术的攻关，或直接引进他们选育开发出来的紫菜良种。

近年来，该场还制定了《坛紫菜人工育苗技术规程》（DB44/T1272–2013）、《坛紫菜海区栽培技术规程》(DB44/T1434—2014)、《坛紫菜自由丝状体扩繁技术规程》(DB44/T1731—2015) 等三项紫菜方面的广东省地方标准并由广东省质量技术监督局发布实施。《汕头海藻资源调查及开发》科技成果(第一完成单位)通过省级鉴定，并获得2008年度广东省科学技术奖三等奖和汕头市科学技术奖一等奖；《坛紫菜产业关键技术研究与应用推广》科技成果(第一完成单位)获得2014年度汕头市科技进步奖一等奖、广东省农业技术推广奖三等奖和汕头市农业技术推广奖一等奖；《"荣福"海带新品种的培育及应用》科技成果(参加单位)获得2008年度中华人民共和国教育部科学技术进步奖一等奖。

紫菜良种栽培示范

选育与推广"汕优1号"

广东坛紫菜人工栽培的种苗最初是从福建引进的，而以前的紫菜培苗场都是使用人工栽培的紫菜作为种菜，因此广东以前栽培的坛紫菜的种质都是来自福建的野生坛紫菜。良种场在海藻资源调查中发现粤东海域还有完好的野生坛紫菜资源，尤其南澳周边的岛屿、礁石，由于交通不便，野生坛紫菜资源受人为破坏较少，而且由于长期适应粤东海域的环境条件，具有良好的耐高温性状和本地适应性，可为广东省紫菜的良种选育提供丰富的种质资源。另一方面，近年来由于气候变暖，广东省又处在坛紫菜栽培适宜海域的最南端，坛紫菜栽培生产经常因高温天气而发生病害、减产甚至绝收。因此该场根据广东省紫菜栽培产业的需求，将耐高温、生长快、品质好等优良性状作为坛紫菜良种选育的主要目标。

坛紫菜无论是野生群体还是栽培群体，遗传多样性均较高，为选择育种提供了条件。因此该场选择了以选择育种为主、结合现代生物育种技术的坛紫菜良种选育技术路线。2007年该场从南澳县平屿岛采集野生坛紫菜，经过连续6年的选育，选育出耐高温、生长快、品质好的坛紫菜“汕优1号”优良品系。

坛紫菜“汕优1号”与传统栽培坛紫菜相比，具有以下优点：(1) 耐高温。每年在坛紫菜栽培期间如出现异常高温天气，水温大幅度回升，传统栽培的坛紫菜都出现烂苗现象，紫菜的产量和质量受到很大影响。坛紫菜“汕优1号”能忍耐较长时间的高温天气，在海区栽培中较少出现烂苗现象，表现出良好的耐高温性状。(2) 产量高。坛紫菜“汕优1号”由于生长快、烂苗少，产量比传统栽培的坛紫菜提高10%～20%。(3) 品质好。坛紫菜“汕优1号”的干紫菜光泽好，紫菜特有鲜甜味浓，口感佳。

坛紫菜“汕优1号”优良品系在粤东和闽南等地应用和推广，养殖企业和养殖户反应良好。由于干紫菜质量好，深受消费者青睐，价格比普通坛紫菜高，经济效益显著。为了进一步开发粤东野生紫菜种质资源，同时也为紫菜生产提供更丰富的优良品种，从2015年起，该场又以南澳顶澎岛的野生坛紫菜为选育材料，继续开展坛紫菜新品系的选育，该品系（暂定为“汕优2号”）同样具有耐高温、口感好、味道佳的优良性状。

引进与示范推广紫菜良种

为了丰富广东坛紫菜栽培品种，从2009年起，良种场从集美大学引进坛紫菜“闽丰1号”优良品系（2013年4月获得国家水产新品种认定），在坛紫菜栽培区域中水温最高的粤东地区进行育苗和海区栽培测试及示范推广。示范推广的坛紫菜“闽丰1号”平均亩产量比传统栽培的坛紫菜品种提高20%以上，而且具有耐高温、生长快、成熟晚，生长期长的优点，收获的紫菜质量好，达到了增产、增收的目的。

2013 年，该场还从上海海洋大学引进了坛紫菜“申福 2 号”（2014 年 4 月获得国家水产新品种认定），坛紫菜“申福 2 号”是在国家级良种坛紫菜“申福 1 号”的基础上培育出来的优良品种，具有壳孢子放散量较大（相对于“申福 1 号”）、生长速度快、生长期长、品质好、抗逆性强等特点。虽然当年紫菜苗下海后遇到高温、台风和水质差的特殊情况，“申福 2 号”紫菜苗生长变慢，但异常天气过后能迅速恢复正常生长，而对照组的传统坛紫菜品种则出现严重的烂苗现象，部分甚至无法继续生产下去。这表明坛紫菜“申福 2 号”抗逆性良好，在水温高、海水交换少、水质差等异常天气和海况环境条件下，优势更为突出，适合在粤东地区应用推广。

紫菜良种宣传推广

开发自主知识产权新品种——

佛山市三水白金水产种苗有限公司

佛山市三水白金水产种苗有限公司（原白金水产良种场）成立于1995年，以专业研发和生产优质水产种苗见长。近年来，该公司致力提供优质、健康种苗，并对养殖过程中的养殖投资规划、养殖防控技术培训、养殖创新模式应用及水产行业信息提供服务。目前，该公司选育了“白金丰产鲫”和大口黑鲈“优鲈3号”两个国家新品种，是广东省甚至全国知名的良种场。

公司种苗种类丰富，市场空间不断拓展。经过多年的科研创新和科技成果转化，公司已开发出多个在生长性状方面具有明显优势的和拥有自主知识产权的品种：大口黑鲈优鲈系列、白金丰产鲫、全雌鳜鱼“鼎鳜1号”、杂交鳜、白金罗氏沼虾、太阳鱼“蓝太1号”、杂交生鱼等。年产优质鱼虾种苗30多亿尾，产品覆盖华南、华东、华中、西南及华北等十多个省份的重点养殖地区。

全国建 6 个良种繁育基地

公司注重科技创新，装备了精子质量分析仪、PCR 仪、凝胶成像分析仪、高级显微镜、超低温冰箱、超净工作台、液氮罐等一批科研仪器和装备，每年持续投入 300 多万元用于产业研发。公司与华南师范大学、中国水产科学研究院珠江水产研究所合作选育了两个国家新品种（“白金丰产鲫”和大口黑鲈“优鲈 3 号”），与中山大学合作选育的“鼎鳜 1 号”，与珠江水产研究所合作选育的禾花鲤（石鲤）正在申报国家新品种。

据悉，公司还组建了一支包含 13 名专业技术人员的研发和生产队伍，专业涵盖了水产养殖、遗传育种、鱼病学等各个学科，为水产种苗生产提供了必要的人才支撑。

除此之外，公司还配套了 120 平方米的实验室、400 平方米的孵化车间、3000 平方米的工厂化苗种培育车间和 400 平方米的循环水实验车间，实验室装备了生物显微镜、离心机、紫外分光光度计、恒温培养箱、PCR 仪等仪器，可开展鱼类常规选育、水质药残监测和病害检测、防治的研究。

近年来，公司产业规模不断壮大，种质保障体系不断完善。公司在省内外拥有良种繁育基地 6 个，占地面积 2000 多亩，配备各型孵化培育池、高位育苗池、工厂化控

白金丰产鲫育苗车间

温育苗车间等生产设施30000多平方米，超低温冷冻精子保存库1个。

据悉，公司在良种选育、种质改良、鱼类制种、性腺发育人工调控和工厂化培苗上取得多项技术突破，拥有多项自主知识产权。公司注重产学研合作；与中国工程院院士、中山大学林浩然教授合作创建了“佛山名优淡水鱼种质创新林浩然院士工作站”。与中国水产科学研究院珠江水产研究所、中山大学、广东省农科院、华南师范大学和佛山科技学院等科研院校建立了长期的产学研合作关系，并通过各级各类科技特派员的形式，聚集英才，使科技人员融入公司的研发团队中。

【相关阅读：白金丰产鲫选育过程】

中国水产科学研究院珠江水产研究所是良种场的主要技术依托单位，除此还与佛山技术学院、华南师范大学等研究单位有着很好的合作。

公司对彭泽鲫进行了连续选育，还对父本进行筛选以及对中选父本连续选育。经过对不同父本的筛选对比试验，发现尖鳍鲤作为父本具有明显的综合优势，如受精率和孵化率高，子代为全雌性群体、个体生长速度快等。因此，最终确定彭泽鲫（♀）×尖鳍鲤（♂）的组合用于生产白金丰产鲫（品种登记号：GS-01-001-2015）。在2016年，白金丰产鲫获评“水产新品种”。

与母本彭泽鲫相比，白金丰产鲫的生长速度明显提高。小范围同塘对比试验1龄丰产鲫的生长率比1龄彭泽鲫提高23.5%～37.4%；大面积养殖结果表明1龄丰产鲫的生长率比1龄彭泽鲫提高15%～30%。丰产鲫群体全部为雌性，避免了彭泽鲫养殖过程中雌雄两性个体在鱼塘中自繁的问题。

由于为全雌性群体，没有生长速度慢的雄性个体，同等养殖条件下1龄丰产鲫的群体产量比1龄彭泽鲫提高30%以上，且个体间差异变小，出塘规格均一度提高。与彭泽鲫相比，丰产鲫的体高适中（体长/体高=2.72），在市场上更受欢迎。

白金丰产鲫主要采取经销渠道形式推广。公司在全国鲫鱼主养区设立了近200个苗种经销商，通过分区域代理，基本实现了良种的全国覆盖。公司亲本保存及生产供应能力强，“白金丰产鲫”母本核心种群1000尾以上；“白金丰产鲫”父本核心种群500尾以上；年生产“白金丰产鲫”亲本3万千克以上，水花苗种6亿尾以上。可实现苗种全年供应。

年繁育优质鱼苗超120亿尾——

佛山市南海百容水产良种有限公司

佛山市南海百容水产良种有限公司是专业从事淡水鱼虾遗传育种研究和优质、高效、健康水产种苗生产推广为一体的省级水产良种场。公司2009年成立，总部位于佛山市南海区丹灶镇下安村外沙围，占地396亩。公司以佛山市为中心辐射佛山、湖北、肇庆、海南建立了4个鱼虾遗传育种中心，21个鱼种培育基地，占地面积1.5万亩，年繁育各类优质鱼苗120亿尾以上，2021年销售额9802万元。

公司主营品种有“百容”草鱼苗、全雄黄颡鱼苗、加州鲈苗、全雄生鱼苗和罗氏沼虾苗等，其中“百容草鱼苗”“百容黄颡鱼苗”获得广东省名牌产品称号；百容超雄黄颡鱼被广东省科技厅认定为“广东省高新技术产品”；2017年长珠杂交鳜和团头鲂“华海1号”分别获得全国水产原良种审定委员会颁发的水产新品种证书；2020年“全雄乌斑杂交鳢”生产性生长对比试验，经过水产行业专家委员会现场验收并顺利通过。

加强基础建设

公司环境优美，规划有序，分为生产区、办公区、生活区等，布局合理，场区公路、电缆电线、光纤网络、进排水、生活设施、娱乐设施等配套设施完善。

百容公司丹灶总部拥有完备的亲本保存、育苗、苗种和成鱼培育设施，设施之间相互独立，功能分区合理。每 3 ～ 5 亩配备 1.5 千瓦增氧机一台，室内养殖孵化设施由气泵加管道系统进行增氧，主要的池塘每口均配自动投饲机一台，有适用于鱼苗、鱼种、成鱼等不同规格大小以及水泥池和池塘等不同养殖环境的各种网具、捞批、亲鱼夹、水袋、拖拉机等各种捕捞设备，各种设备齐全，运行良好。生产设施主要有标准化池塘 280 亩、催产池 2 套、孵化系统 32 套、封闭式育苗车间 4940 平方米和家系培育钢构大棚 768 平方米；科研设施主要有实验室 320 平方米、多功能选育车间 2930 平方米和试验仪器 24 台套，实现工厂化育苗。公司建有养殖用水净化和废水处理系统，设施设备完备，养殖用水处理后循环利用，做到清洁生产。公司配备水质、温度、溶氧等理化指标检验检测仪器，另外还拥有视频监控、检测设备，能够进行检测水质和商品鱼药残检测，同时定期进行水质和鱼的检测。

严格生产操作和管理

公司生产管理通过 ISO9001 质量管理标准体系认证，银行信用评级良好。内部管理制度健全，张贴重要的管理制度、技术规程等。公司在亲本培育、人工繁殖、苗种培育和成鱼养殖等各个环节制定有各种科学合理的生产操作规程，建立了各种目标明确的生产管理制度，有完备的苗种和商品鱼生产、用药和销售记录。有严格的亲本挑选、配组制度，所有扩繁生产用亲本均经过严格的挑选并植入电子芯片，建立唯一的身份编码并存档；所有的繁殖配组方式均经过前期交配测试，在避免近交的前提下充分利用不同群体杂交的特殊配合力优势提高苗种质量。

同时，公司还建立苗种、饲料、兽药等生产投入品采购、保管和使用规章制度；饲料、药品等投入品来源正规，使用符合《饲料和饲料添加剂管理条例》《兽药管理条例》等管理规定。无使用禁用药品行为，药残检测抽检全部合格。

草鱼朝苗

百容草鱼

加强技术创新能力

目前，公司拥有博士 2 名、硕士 10 名和本、专科人员 30 名，112 名员工大专以上学历占 37% 以上。此外，该公司建有遗传育种实验室、分子生物学实验室、病害防治实验室和水质与产品安全检测室，配备了 PCR、电泳仪、酶标仪、凝胶成像和超速离心机等 20 多套大型仪器。每年研发投入占全年销售收入总额的 4% 以上，拥有实用新型专利 11 项、外观专利 1 项和发明专利 3 项，正在申请专利 4 项。

据悉，公司与中国水科院珠江所、中山大学生科院、华中农业大学水产学院和佛山科学技术学院等建立了产学研一体化的科研合作关系，公司先后荣获广东省省级水产良种场、广东省级工程技术研发中心、省级重点农业龙头企业、全国现代渔业种业示范场和国家级水产健康养殖示范场等荣誉称号。2015 年与中国水科院珠江水产研究所获得广东省农业技术推广一等奖，奖励项目：大口黑鲈“优鲈 1 号”推广应用；2017 年与中山大学组建获得广东省重要经济鱼类健康养殖工程技术研究中心；2021 年获评为中国水产种业育繁推一体化优势企业。

辐射带动养殖户

公司依托母公司广东海大集团股份有限公司完善的营销网络和强大的技术服务能力，为养殖户建立了优质良种、养殖模式、高效饲料、调水产品和养殖技术五位一体的服务模式，市场营销网络健全，推广组织化程度高。公司注册的水产苗种产品品牌：百容（Holdone）具有较高的品牌知名度。百容鱼苗覆盖华南地区的广东佛山、中山、清远、肇庆和惠州，华中地区的湖南、湖北和华东地区的江苏、浙江等省市，养殖面积十多万亩。每年带动水产养殖户 2000 多户，苗种综合生产效益高于同类产品平均水平，亩均增收 1000 元以上，养殖户反映良好，市场占有率较高。

百容草鱼口碑良好

公司联合珠江水产研究所白俊杰研究员的研发团队，广泛收集国内水系原种，综合采用传统家系选育、雌核发育选育和现代分子育种、BLUP 遗传参数估计等育种手段，经严格对比测试、筛选而成。所有繁育亲本均标识电子芯片，采取严格的亲本配对繁殖方式繁育商品后代。

公司一直加大对育种研发投入，同时加强种苗和草鱼良种质量的管理，实行种苗草鱼良种质量和疫病的检测制度，为养殖户和养殖场提供健康无病的优质草鱼种苗和良种，指导养殖户和养殖场采取无公害健康的养殖模式，实现高产、高效、安全的养殖效果，百容草鱼苗生长速度快、抢食猛，生长速度较原种提高了 10% 以上，生长到 2 千克后生长不减速，生长优势明显。体型好、尾叉深、体型长、背肌厚和肚腩小的优良性状，具有优秀的商品外观和肉质品质。抗逆性强，保留了野生原种的优秀基因，具有抗病、抗应激能力强和成活率高的特点。与市场同类产品的平均水平相比，百容草鱼的生长速度比行业品牌的平均水平高出 10% 以上，成活率提高 10% ～ 20%，取得良好的经济收益。

已申报4个国家新品种——

广东梁氏水产种业有限公司

广东梁氏水产种业有限公司创建于1995年（前身为三水白金水产种苗有限公司），是一家专注水产种质创新、良种选育、种苗繁育及良种推广、集团化运作的现代水产种业企业。旗下有梁氏水产研究院、佛山市三水白金水产种苗有限公司、佛山市珠水生物科技有限公司等机构与子公司；是广东省高新技术企业、国家科技部“广东鲈、鳜种质资源库”建设单位、广东省现代农业产业技术体系淡水鱼创新团队示范基地；是广东省大口黑鲈省级良种场、广东省鲫鱼省级良种场、佛山市农业龙头企业。

大口黑鲈“优鲈3号”循环水选育车间

聚焦科技和品牌

公司充分发挥科技创新在水产种业绿色发展和高质量发展中的关键作用，加强企业科技创新的条件建设。公司装备了精子质量分析仪、PCR仪、凝胶成像分析仪、高级显微镜、超低温冰箱、超净工作台、液氮罐等一批科研仪器和装备。每年企业持续投入 300 多万元用于产业研发，与华南师范大学、中国水产科学研究院珠江水产研究所、中山大学、乳源瑶族自治县畜牧兽医水产事务中心以及广东省渔业技术推广中心等单位合作选育了四个国家新品种（“白金丰产鲫”、大口黑鲈“优鲈 3 号”、全雌翘嘴鳜“鼎鳜 1 号”、禾花鲤“乳源 1 号”）。公司在良种选育、种质改良、鱼类制种、性腺发育人工调控和工厂化培苗上取得多项技术突破，拥有多项自主知识产权。

大口黑鲈“优鲈3号”孵化车间

公司注重产学研合作，提升企业发展的软实力。与中国工程院院士、中山大学林浩然教授合作创建了“佛山名优淡水鱼种质创新林浩然院士工作站”。与中国水产科学研究院珠江水产研究所、中山大学、广东省农科院、华南师范大学和佛山科技学院等科研院所、高等院校建立了长期的产学研合作关系，并通过各级各类科技特派员的形式，聚集英才，使科技人员融入公司的研发团队中。

近年来，公司产业规模壮大，种质保障体系不断完善。公司在省内外拥有良种繁育基地 6 个，占地面积 2000 多亩，配备各型孵化培育池、高位育苗池、工厂化控温育苗车间等生产设施 30000 多平方米，超低温冷冻精子保存库 1 个、鲈鳜种质资源库 1 个；与此同时，公司不断完善从基础群体、选育群体的种质保障，建立种质鉴定、种苗品控监控体系。给公司种苗产品提供了质量保障。

公司经过多年的科研创新和科技成果转化，公司已开发出多个在生长性状方面具有明显优势的和拥有自主知识产权的品种：优鲈系列大口黑鲈、白金丰产鲫、全雌鳜鱼“鼎鳜 1 号”、杂交鳜、白金罗氏沼虾、“蓝太 1 号”太阳鱼、杂交生鱼等。年产优质鱼虾种苗 30 多亿尾，产品畅销全国 20 多个省份，每年提供的良种覆盖养殖面积超百万亩。

据悉，公司组建了一支包含 29 名专业技术人员的研发和生产队伍，专业涵盖了水产养殖、遗传育种、鱼病学等各个学科，为水产种苗生产提供了必要的人才支撑。配套了120平方米的实验室、选育车间5条，分为保种繁育车间、控温孵化车间、循环水后备亲本养殖车间（3条），面积约6700平方米和3条共计1000平方米的循环水实验车间，配备超低温冰箱、荧光定量PCR仪、冷冻离心机、恒温培养箱、凝胶成像系统等各型试验仪器设备近50台套，可开展微生物药敏、分子遗传学、水质药残检测等工作。

大口黑鲈推广良好

公司依托珠江水产研究所白俊杰、李胜杰研究员团队技术支持，以大口黑鲈“优鲈1号”和美国引进的大口黑鲈北方亚种原种，以摄食人工配合饲料条件下的生长性能和易驯化摄食配合饲料为主要选育性状，经过多代群体选育获得的生长速度快，适合摄食人工配合饲料养殖的大口黑鲈新品种（品种登记号：GS-01-001-2018）。

在相同养殖条件下，进行人工配合饲料喂养时1龄大口黑鲈“优鲈3号”平均体质量增长比大口黑鲈“优鲈1号”快15.06% ~ 22.02%，比引进的大口黑鲈体质量增长快26.77% ~ 30.1%。驯化摄食配合饲料的时间明显缩短，驯食成功率提高，适宜在我国南方人工可控的淡水水体中进行工配合饲料养殖。

在大口黑鲈“优鲈3号”推广过程中，为保证良种质量，保障养殖者的合法权益，避免市场混乱，中国水产科学研究院珠江水产研究所全权委托广东梁氏水产种业有限公司进行该项成果的转化和市场推广。为了广大养户能从合法渠道获得大口黑鲈“优鲈3号”苗种，广东梁氏种业秉承“开放包容、共建共赢”的经营理念，愿与守法经营、理念相同、有一定的市场渠道、生产规模和盈利能力的水产企业以“特许加盟”的形式进行分区域市场化推广。目前已与广东、浙江、江苏、湖北、四川和重庆等大口黑鲈主产区的鲈鱼苗种企业签订加盟协议，向这些企业提供亲本和技术服务，共同推广大口黑鲈“优鲈3号”。

目前公司在亲本保存方面，“优鲈1号”核心种群1000尾以上；“优鲈3号”选育A系和“优鲈3号”选育B系核心种群各1000尾以上。而在年生产供应方面，该良种场年生产大口黑鲈“优鲈1号”和“优鲈3号”亲本均在60万千克以上，水花苗种20亿尾以上。

推进名优种苗繁育和养殖示范——

佛山市三水顺华源水产有限公司

佛山市三水顺华源水产有限公司位于自然生态环境良好，达到无公害生产基地标准的大塘镇现代农业园区（中心园），生产用水直接引用北江水。目前公司拥有3个生产基地，其中大塘总部基地占地593亩、大塘镇郊基地占地131亩、清远山塘基地占地200亩，主要进行加州鲈、笋壳鱼、桂花鱼、鲮鱼、大头鱼、苏鱼、鲩鱼、麦鲮鱼等名优水产种苗繁育和标准化养殖技术示范。公司陆续获得国家高新技术企业、广东省省级良种场、广东省加州鲈鱼标准化养殖示范区、广东省水产质量安全示范点、佛山市农业龙头企业、佛山市市级水产良种场、佛山市新型职业农民培训基地等称号。

年产名优鱼苗250亿尾

公司拥有良好的农业生态基础，优越的区位优势。基地拥有池塘面积900多亩，其中生产配套设施产卵池4个、环导池29个、鱼苗培育池12个、加州鲈鱼孵化车间3500平方米、生鱼孵化车间1000平方米、科研及办公设施主要有实验室、培训室、财务室和办公室共约150平方米；配套设施主要有各类仓库400平方米；员工宿舍及娱乐室300平方米。

公司注重产品质量，总经理林华多年亲自走遍国内购进优质亲鱼，进行种质优化提升。2014年开始与中国科学研究院珠江水产研究所签订了合同协议，制定了各类完善的育种保种体系。公司年可实现产良种鱼苗250亿尾。

公司还以市场为导向，通过“公司＋合作社＋基地＋农户”的经营模式，使产、供、销走上一体化的进程，与农户签订水产收购协议，架设起农户与市场的桥梁，创造一个较好的交易平台，促进公司与农户生产经营规模不断扩大，实现公司发

展和农业增效、农户增收的互动发展，进一步带动当地农民的就业、增收，加快水产养殖的产业化进程，取得良好经济效益和社会效益。公司在三水城区开设平价直销店 1 家，与三水日日升商业连锁超市和 11 家平价商店签订供货协议，让产品直接供应市场，使市民享受到平价、质优的水产品。为保障产品质量安全，公司建有农产品质量安全检测室，为让消费者有更多知情权，公司产品实现水产品质量溯源标识（二维码），使消费者可以通过扫描二维码了解更多的公司产品，方便消费者放心购买水产品。

加州鲈鱼

“民丰 1 号”系列赢得信赖

公司现保有来自江西省鄱阳湖及长江水系原种鳜鱼亲本以及近年来公司选育的易摄食饲料的鳜鱼新品系“民丰 1 号”等亲本。这些原、良种可用于亲本扩繁与苗种生产，为鳜鱼苗种生产或养殖生产提供亲本或优质苗种。

公司将结合群体、家系选育以及品系间杂交的育种技术开展鳜鱼良种的培育。针对翘嘴鳜的生态习性，应用工程化措施，以增氧方式优化、光照控制、水流等方式，结合营养饲料，解决翘嘴鳜集中摄食人工配合饲料的技术难关。获得鳜鱼苗种摄食人工饲料的国家发明专利 1 件，申请了摄食饲料的翘嘴鳜养殖发明专利 1 件。构建摄食饲料翘嘴鳜亲本基础群体。

“民丰 1 号”系列产品赢得了较多养殖户的信赖，销至江西、湖南、湖北及广东省内的佛山、肇庆、清远等地区。据统计，该公司带动周边地区 300 多户养殖户养殖“民丰 1 号”系列名优品种，收到了良好的社会效果。

“民丰1号”鳜鱼

设施完善的现代化水产基地——

韶关市三角鲂省级良种场

韶关市水产研究所成立于1978年，长期致力于淡水名优野生鱼类开发与引进推广，并在省内形成了研发特色，是粤北地区重要的水产科研机构。2016年1月，韶关市水产研究所更名为韶关市渔业技术推广站，并加挂韶关市水产研究所、广东省（韶关）区域性水产试验中心及韶关市渔业资源增殖站等牌子。2012年5月，原广东省海洋与渔业局经过专家评审，同意依托韶关市水产研究所杉木湾试验示范基地通过了三角鲂省级良种场的认定。

2001年，经省批准依托该站建立“广东省（韶关）区域性水产试验中心”，主攻方向为淡水名优野生鱼类的驯化与开发；2005年由省有关六厅局认定韶关市水产研究所为非营利性科研机构。2013年9月，经机构改革，加挂“韶关市渔业资源增殖站”及“韶关市水生动物救护和良种推广中心”两块牌子。目前，该站现有在职职工10人，其中专业技术人员8人，具有高级职称3人，中级职称3人，技术力量较为雄厚。

韶关市渔业技术推广站杉木湾试验示范基地位于韶关市浈江区新韶镇东山村委杉木湾村，占地总面积约650亩，其中水面约200亩，是一个设施设备配套完善的现代化水产基地。目前，该基地已成为粤北地区名优特色江河鱼类开发及利用、良种选育及推广的示范基地之一。

选育三角鲂

三角鲂（Magalbrama skolkovii）隶属鲤形目，鲤科，鲌亚科，鲂属，分布于长江中下游、黄河、黑龙江及华东诸水系，是一种大中型的重要经济鱼类。在自然水域，三角鲂主要以软体动物、水生植物和水生昆虫为食，而在人工养殖条件下，亦喜吃颗粒饲料。鲂鱼生长快、疾病少、适应力强、肉质嫩滑、美味可口、价值高，而且个体大（最大个体重达十余千克），市场价格高，是理想的增养殖对象。

近年来，该站分多批次从杭州国家级三角鲂原种场引进三角鲂原种开展选育工作，目前已完成了 F1 ~ F4 的选育工作，初步获得了具有生长优势及一定抗逆性的良种品系，产生良好的社会效益与经济效益。

三角鲂

选育光倒刺鲃

光倒刺鲃（Spinibarbus hollandi）分类上属鲤形目，鲤科，鲃亚科，倒刺鲃属，俗称青娟、娟中、坑娟、青竹鲩、石鲩等，是北江水系的名优经济鱼类之一，目前市场价格较高。光倒刺鲃适合在山塘、水库、网箱等水质较好的环境中养殖，在水质较好的池塘中也可进行饲养。

自 1988 年起，该站开始对光倒刺鲃的驯养及人工繁殖技术进行研究，并于 1991 年获得成功。2001 年，该站独立完成的项目成果“光倒刺鲃的驯化、人工繁殖”获广东省科技进步三等奖，而项目成果“光倒刺鲃人工繁殖技术应用推广”于 2004 年获广东省农业推广奖三等奖。

光倒刺鲃北江品系

光倒刺鲃长江品系

此后，该站在光倒刺鲃的繁育实践中发现其珠江种群与长江种群在形态特征等方面存在一定的差异。珠江种群的特点为：体青绿色，腹鳍及臀鳍金黄色，体较高；长江种群的特点为：体青灰色，腹鳍及臀鳍红色，体较长。因此，该站分别对珠江品系和长江品系原种进行选育，并利用选育获得的良种进行了品系间的种内杂交育种研究，获得了体型好、生长快、抗性强的杂交品系，养殖效益较好。

2017 年 6 月，该站独立完成的科技成果“光倒刺鲃良种培育关键技术研究与应用”获得了韶关市科学技术进步奖一等奖。

选育倒刺鲃

倒刺鲃（Spinibarbus denticulatus denticulatus）隶属鲤形目，鲤科，鲃亚科，倒刺鲃属，俗称青竹鲤、竹鲤、竹八鲤等，为珠江水系重要名优经济鱼类，具有肉质细嫩、肉味鲜美的特点，市场价格较高，它个体较大、生长快、食性杂、抗寒，是目前最具养殖前景的江河鱼类之一。

倒刺鲃

该站经过 20 多年的研究，已经攻克其繁育难关，年繁育量可达 200 万尾。倒刺鲃的养殖主要在水质良好的水库、山塘进行网箱养殖，在条件较好的池塘进行池塘主养或混养，网箱养殖两年，倒刺鲃一般个体可达体质量 800 ~ 1200 克。在池塘主养，鱼苗经两年养殖，倒刺鲃体质量一般可达 800 ~ 1200 克的上市规格。

选育南岭禾花鲤

南岭禾花鲤属鲤形目，鲤科，鲤属，是该站通过在南岭地区收集原土著鲤鱼并提纯复壮获得鲤鱼新品种，具有体短、背高、肚圆且大、头小、出肉率高等特点。从养殖户反馈的情况看，南岭禾花鲤肉质细腻、体形好、成活率高，获得了一致好评。2019 年 4 月，该站培育的新品种“南岭禾花鲤”被列为广东省 2019 年主推渔业新品种之一。

南岭禾花鲤

粤北地区草鱼良种供应中心——

韶关始兴县水产良种场

始兴县水产良种场位于韶关市始兴县城南镇沙坪，始建于20世纪60年代，从第一任场长李子光到现任场长钟国东，九任场长传承，始终以推广水产技术，促进渔业发展为宗旨，推进鱼苗、鱼种繁育、培育、标粗以及新品种引进、试验、推广工作。20世纪80年代良种场开始专注于草鱼鱼苗繁育，60年来坚持草鱼亲本更新换代，以原产于长江流域野生种经驯养及多代选育，提纯复壮，获取标准性状的纯种亲鱼，积累了丰富的良种选育技术与经验，且存塘草鱼种质资源丰富，其草鱼种苗质优苗靓，深受广大养殖者欢迎。目前该场年产草鱼鱼苗1亿尾以上，除满足始兴县养殖户种苗需求外，还销往韶关周边市、县(区)和湖南、江西、福建等地区，成为粤北地区乃至华南地区销量大、信誉好的草鱼养殖种苗供应中心，改变了过去想养殖靠从珠江三角洲塘鱼主产区运购种苗的局面，成为山区养殖种苗“自繁自育”“自产自销”“自给自足”的种苗生产平台。

2012 年，始兴县水产良种场通过专家验收，成为广东省第二个、韶关市首个省级草鱼良种场。多次承担了省、市相关草鱼良种选育与养殖示范推广等方面的项目，优选出草鱼良种亲本 6000 尾，为十多家草鱼种苗场提供了 3000 组草鱼良种亲本。推行草鱼健康高产技术模式示范，通过技术指导、养殖示范等多种形式，全年直接和间接带动养殖户达 10000 多户，推广草鱼良种养殖水面 20 多万亩，总产量 8000 吨、总产值 9.6 亿元。

好山水出好草鱼

始兴县属于粤北山区，处于三省交接地带，境内四面环山，多台地和低山丘陵，主要河流有浈江、墨江、澄江，环境优美，水源丰沛，全年水温较高，草鱼生长周期较长，适合轮捕轮放的养殖模式，在草鱼养殖方面始兴县有着独特的地理优势。随着山区渔业迅猛发展，养鱼面积和产量不断扩张，内陆山区水质好，养殖的草鱼质量安全有保证，“山水鱼”肉质好、无残留，成为消费者追求的理想食品，水产品流向由“运鱼上山”到“自给自足”再到“运鱼下山”和“上山吃鱼”,“山水鱼”市场销售十分畅销，有力推动了种苗的市场销售。

始兴县水产良种场占地面积达 220 亩，建筑总面积 500 平方米。生产设施主要有标准化池塘 150 亩、催产池 2 个共 39.25 平方米、环道池 8 个共 56.52 平方米、水泥培育池 1320 平方米、设施化越冬池 4000 平方米、5.2 亩水面的蓄水净化池，固定资产投资约 850 万。选育草鱼亲本 1000 组，设计规模年产草鱼鱼苗鱼种 2.5 亿尾，销售年收入 150 万元，年利润总额 90 万元。

60 年来，始兴县水产良种场经过连片标准化改造，基础设施升级，建立健全的岗位责任制、技术管理、质量管理和档案管理规章制度，逐渐成为配套设施完善、设备仪器齐全的水产种苗繁育场。

始兴县水产良种场技术力量雄厚，拥有中级职称以上、初级职称技术人员占全场的职工比例分别达到 10% 和 20% 以上。与中国水产科学研究院珠江水产研究所签订长期的技术合作协议，依靠珠江水产研究所的水产专家的技术力量和研究手段，开展水产良种的种质监测、亲本选育、种苗系列、养殖对比等科研试验和生产指导工作，制定水产良种选育生产技术规范，并且承担良种草鱼亲本的选育和种苗生产工作，良种选育的技术路线比较科学，生产工艺流程合理，技术措施切实可行，种苗生产操作规范，技术条件十分成熟，生产能力达到了设计能力的75%，生产经营状况良好，经济效益和社会效益明显。

好技术出好草鱼

始兴水产良种场坚持优质品种的选育，致力于草鱼良种的提纯复壮和选育生产，以原产于长江流域野生种经驯养及多代选育，提纯复壮，以获得优质亲鱼。1990 年 7 月，良种场从湖北武汉、洪湖两地引进了 1 万尾 8 朝的长江野生草鱼苗，分别放养在 4 号塘和 20 号塘，同年 11 月底起捕，发现其生产速度很快。良种场从中选择了 2000 尾体质量靠前、体型良好的鱼种继续培育，到翌年底起捕，体质量达到 2000 克左右，再分别从中择优选择了 400 尾作后备亲本培育。至第四年性成熟后，按雌雄分开筛选，从中各筛选出 5 对生长速度快、体型良好的亲鱼进行配对繁殖，以后逐年增加产量，育苗的成活率不断提高。

2013 年 7 月，良种场从江西省瑞昌长江四大家鱼原种场引进草鱼原种 200 对，经过多年的选育，生产的草鱼良种具有抗病力、搞逆性较强且生长快等优点，良种品系的优势明显。目前良种场已贮备草鱼原种和良种亲鱼共 500 组。

良种场草鱼亲鱼的生物学性状优良，在体形、个体、生长速度、抗逆性、适应性等方面都显优势，通过加强种苗质量管理，良种草鱼种苗比普通草鱼种苗发病率降低 30% ～ 40%，生长速度快 10% ～ 20%，畸形率控制在 3% 以内。目前良种场草鱼种苗生产能力已经达到2亿尾。因草鱼生长迅速，饲料来源广，病害较少，养殖户反映良好，市场价格比较稳定，有较好的社会和经济效益。

良种场在引进长江水系原种草鱼亲本的基础上，以现代育种技术选育出生长快、抗病力强、适应本地环境且遗传性状稳定的草鱼良种亲本系。通过种群收集与评估、环境生长与抗病力排序测定、种质鉴定和保存、杂交试验建立基础群。然后通过杂交群生长与抗病力排序测定、基础群后裔生长与抗病力排序测定评估遗传参数确定育种目标，建立家系。最后通过家系选择与家系内选择、家系后代环境生长与抗病力测定选择性状稳定的优秀生产家系做亲本。

鱼苗选育

鱼苗

育种池

亲鱼培育：选择环境良好，靠近水源，排灌方便，开阔向阳，交通便利，供电保障，池底平坦，与产卵池环道池相近，面积 3 ～ 6 亩、水深 1.5 ～ 2 米，淤泥不超过 20 厘米的池塘用作培育池。草鱼亲鱼培育可采用单养和混养两种模式。无论哪种模式都应掌握合理放养密度，一般放养量约为 200 千克 / 亩，雌雄混养，可适当搭配少量鲢、鳙、鲂等品种，以调控水质。投放体质量 7 ～ 10 千克 / 尾草亲鱼 15 ～ 18 尾 / 亩，搭配鲢或鳙后备亲鱼 5 ～ 8 尾 / 亩，团头鲂后备亲鱼 20 ～ 30 尾 / 亩。总投放量 200 千克 / 亩。

亲鱼培育管理：产后至秋季，产卵后让亲鱼在清新水中恢复体力，应为其营造清新安静环境，保证足够的新鲜青饲料或投喂营养较高的精饲料，入冬前应强化培育，使其体力增强，性腺发育良好，积聚充足能量过冬。冬季，水温在 5℃以上适当施肥、投料，维持亲鱼体质强健。春季至产前，关键为亲鱼创造良好环境，保证充足饵料，以保证其性脉发育所需营养。采用“青料为主，精料为辅，定期冲水，保持水质良好”的方式。青料有苦草、轮叶黑藻、眼子菜、浮萍以及嫩的蒿草等大多数水草，橡草、皇草、黑麦草、苏丹草、鹅菜等牧草，狼尾草、狗尾草、稗草等旱草，商品饲料有专门的草鱼配合饲料等。产后上午 9:00—10:00 时投喂青料，投喂量以当天 16:00 时前食完为度，午后投喂精料，投喂标准 100 克干品 / 尾。春季强化培育，换去一半池水，补充新水至 1.5 米水深，每月冲水 1 ～ 2 次，繁殖季节前 1 ～ 2 月，冲水增加至 3 ～ 4 次 / 月，每次 3 ～ 5 小时，促进亲鱼性腺发育，亲鱼性腺成熟后，减少或不投喂饲料。正常情况下，4 ～ 5 龄草鱼（体质量 5 ～ 7 千克）亲鱼就可达性成熟。达性成熟的亲本可选择体质强健、性腺发育良好、成熟同步的个体进行亲鱼繁育。春季 4 月上旬，若发现池塘中亲鱼食量明显减少，且天气晴朗，气温升高，水温稳定在 18℃以上，即可对亲鱼进行催产。选择性腺成熟好的、体质健壮、无体伤和病害的成熟亲鱼进行催。产卵池应设在水源充足、水质良好、运输方便和靠近亲鱼培育池的地方，一般采用圆形的池子，水流均匀，面积 50 ～ 80 平方米，水深 1 ～ 1.5 米，水泥或砖块结构，进水口与池壁切成 40° 角，使水流形成环流，排水口设于池底中央既是排水又是出卵口，流速 0.3 米 / 秒左右。

打造金钱龟养殖高地——

惠州李艺省级金钱龟良种场

惠州李艺省级金钱龟良种场（以下简称“李艺良种场”）主要繁育三线闭壳龟（金钱龟）苗种，由目前全国最大金钱龟养殖场惠州李艺金钱龟生态发展有限公司承担建设。该良种场获得技术突破与创新成绩的背后，有一个人功不可没，他就是李艺良种场的创立者、创建单位惠州李艺金钱龟生态发展有限公司董事长李艺。

李艺，被业界誉为“金钱龟之父”，现担任中国渔业协会龟鳖分会会长、博罗县龟产业协会名誉会长。李艺自 1989 年以来，一直投身于金钱龟养殖与研究工作，1990 年通过人工养殖模式首次在行业中孵化出金钱龟苗，被业届誉为“金钱龟之父”。2000 年 4 月至 2006 年 3 月，创造了成熟的金钱龟人工快速繁殖技术，通过模拟野生自然环境和人工调控相结合的办法，促进驯养龟种群人工快速繁殖，缩短了金钱龟的成熟期，率先解决了养殖过程中雌雄比例调控难题；2006 年 4 月至 2008 年 3 月，与中山大学生命学院合作，成功研发出国内金钱龟深加工产品系列产品——缔康之宝，拉开了以金钱龟养殖推动加工发展的序幕；2008 年 3 月至今，以多年发展的技术经验为基础，研究开发并完善了一套国际领先的金钱龟人工繁殖管理技术体系，其中“三线闭壳龟驯养与全人工快速繁殖技术研究”“三线闭壳龟产业化生态养殖技术研究”通过了广东省科学技术厅成果鉴定；“三线闭壳龟驯养与全人工快速繁殖技术研究”“三线闭壳龟产业化生态养殖技术研究”经惠州市科学技术奖励评委会授予惠州市科学技术二等奖，经博罗县人民政府评为科学进步一等奖。

为保护金钱龟物种而建良种场

李艺良种场于 2011 年 12 月经广东省海洋与渔业厅批准成立，2016 年通过省

级水产良种场资格复查。创建伊始的2009年9月，在当时多数金钱龟养（繁）殖户为了追求短期利益忽视亲种的选育，导致金钱龟种质出现退化、生长个体逐渐退化变小、抗病能力减弱的背景下，为了保护金钱龟物种，促进种质优化，保障养殖户的利益，创建单位惠州李艺金钱龟生态发展有限公司向惠州市级渔业主管部门提出了创建省级金钱龟水产良种的申请，旨在加强金钱龟良种选育，扩大培育优质种苗的规模，推动金钱龟养殖业科学、健康、有序地发展。市级渔业主管部门收到申请后高度重视，派出了专家组对创建单位进行了实地考察和技术指导，并提出了建设省级水产良种场的创建要求。经过2年的筹备与建设，创建单位基本完成了省级水产良种场的基础设施建设、引进繁育选育设备和组建繁育选良团队等创建要求。

2011年10月30日，市级渔业主管部门组织专家组进行了创建验收，专家组认为创建单位的建设符合省级水产良种场要求，通过市级初审，同时组织材料报请省级渔业主管部门验收。2011年12月6日，省级渔业主管部门收到申请后，组织省级专家组按照《省级水产原良种场资格验收办法》进行了验收，通过实地查看、资料审核，专家组认为创建单位符合省级水产良种场验收标准，一致同意通过验收，定名为“惠州李艺金钱龟省级良种场”，主要任务为按照良种生产技术操作规程保存和选育金钱龟良种，为苗种场提供良种亲本。

目前，李艺良种场现有生产设施包括孵化房、种苗池、后备亲本池、亲本池、暂养池等，其中孵化房30间，面积约600平方米；种苗池15个，面积1251平方米；后备亲本池25个，面积14967平方米；亲本池13个，面积5838平方米，暂养池19个，面积8203平方米。现有金钱龟亲本12116只（含后备亲本），年可繁育龟苗11000只以上。良种场区布局合理、设置了生产、管理、生产区域，配套设施设备完善，主要配套设施包括：配套设施包括工具房3间面积60平方米；460千伏变电房1座面积50平方米；全天候视频监控室1个面积300平方米；蓄水池5个容积500立方米；天然蓄水湖1个面积约95亩；生产、生产活垃圾处理池各1个。主要配套设备包括：孵化箱400个、空气能控温系统65套、视频监控系统25台（套）、水质净化系统2套等。场内实验室、资料档案室、标本室、药物及饲料仓库建设到位，配套完善，并进行了专职人员管理，其中：实验室1个面积30平方米，配套了温度计、盐度比重计、分光光度计、溶解氧测定仪、pH计、显微镜等实验、检测设备；资料档案室1个面积30平方米，配套了档案资料柜、电脑等设备；标本室1个30平方米，收集各种实物标本20余件，并上墙展示了各规格、雌雄标本图片，配套电脑等设备；药物及饲料仓库2个，面积60平方米，配套了货架、卡板等设施。

严守省级水产良种场标准

自获得省级水产良种场资格以来，李艺良种场严格按照省级良种场要求从事金钱龟保种与选育，种龟来源清楚，现亲本已选育至公司 F3 代。主要选育的品种包括金头系列金钱龟公司 F4 代苗种、灰头系列金钱龟公司 F4 代苗种等，选育的苗种具有体格健壮、环境适应快、抗病能力强、成活率高和生长速度快（苗种 1 年体质量可达到 500 克、6 年即可达到性腺成熟）等特点。

李艺良种场现有选育团队技术人员 12 人，其中高级职称 1 人，中级职称 2 人，同时还与中国水产研究院珠江水产研究所、惠州市渔业研究推广中心等科研机构建立过合作关系。主要开展的选育内容包括亲龟采源与筛选研究、亲龟培养与亲本交配研究、孵化技术研究和苗种饲养技术研究等。多年来，在繁育过程中，该场主要从恒温孵化、生态养殖、饲料改进等技术层面进行突破，从而有效提高金钱龟的孵化率、成活率和受精率，主要体现在：(1) 通过恒温控制，创造稳定、恒定的孵化环境，提高孵化率；(2) 通过饲料科学搭配，确定亲本、后备亲本、种苗（稚龟）最佳饲料配方，促进亲本、后备亲本种苗（稚龟）的成长与发育，提高种苗成活率；(3) 通过对金孵化介质、温度、湿度等主要影响孵化的因素进行科研与突破，提高孵化率；(4) 通过改善亲本、后备亲本养殖环境，提升亲本、后备亲本质量，确保选育种苗的质量与数量提升；(5) 通过子代生长对比，体型、体色等性能指标，最终选育目标性状，筛选优良品种。经过多年的努力，该场在繁育选育中也取得较好的业绩，截至目前，该场向国家知识产权局申请并获得受理专利25项（发明专利6项、实用新型专利19项），其中《金钱龟孵化方法》等1项发明专利和《一种金钱龟生态养殖场》等17项实用新型专利获得授权。所承担的研发项目得到了科技主管部门和专家的认可，其中承担的《三线闭壳龟驯养与全人工繁殖技术研究》项目获得博罗县科学技术一等奖，同时获得惠州市科学技术二等奖；承担的《三线闭壳龟产业化生态养殖技术研究》获得惠州市科学技术二等奖。

打造全国最大金钱龟生态养殖基地

近年来，李艺良种场实现了又快又好的发展，并得到了相关的部门的认可和奖励，主要体现在：所承担的科研项目《三线闭壳龟产业化生态养殖技术研究》获得了惠州市科学技术二等奖；所繁育的品种（金钱龟）经广东省名牌产品（农业类）推进委员会自2012年起连续评定为广东省名牌产品；经广东省著名商标评审委员会评定，注册商标“李艺”（认定商品：金钱龟）被评为广东省著名商标；独立起草的《金钱龟养殖技术规范》(DB44/T 1249−2013) 通过专家评审认定和广东省质量技术监督局批准为广东省地方标准。在该场的发展推动下，创建单位惠州李艺金钱龟生态发展有限公司也得到快速的发展与提升，先后获得了广东省农业重点龙头企业、广东省金钱龟良种场、广东省现代产业500强项目单位、全国第七批农业标准化示范区、农业

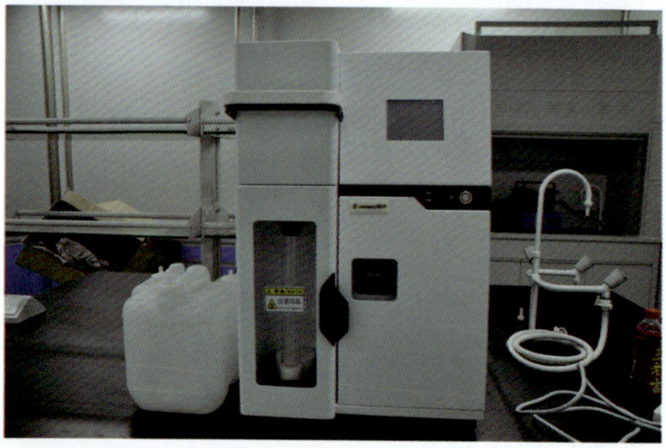

部第六批水产健康养殖示范场等荣誉。经中国渔业协会龟鳖产业分会、全国名龟产业保护委员会评定为“全国最大三线闭壳龟生态养殖基地”称号。同时响应国家提出的乡村振兴和产业融合发展号召，立足养殖产业，同时发展二三产业，通过近几年的努力，2019 年创建单位打造的“李艺金钱龟生态园”被评为国家 AAA 级旅游景区。

李艺良种场还立足于龟类产业的资源、生态、产业与区位优势上的基础，按照“错位竞争、差异发展”的要求，着重体现龟类种苗繁育、生态养殖、品牌营销和技术创新的发展内涵，以农业供给侧结构性改革为主线，以绿色发展为导向，配合创建单位完成了惠州市现代农业产业园等重点项目的建设任务。据不完全统计，通过龙头带动效应，2021 年创建单位新增带动了 368 个就业岗位（包含季节性临时工）引导农村富余劳动力创业上岗，入职员工月平均工资约 3500 元以上，年人均平均工资收入 42000 元以上；2021 年创建单位累计带动周边 4021 户养殖户养殖金钱龟、石金钱龟等龟类，龟类产值约 3.26 亿元，户均收入 80150 元，2021 年带动养殖户年增收约 3332 万元，户均年增收 8650 元。创建单位所在地的龟类产业得到了稳步的发展，产业结构涵盖龟类养殖、产品加工、产品流通、技术研发、观光休闲等一二三产业，2021 年所在地（博罗县杨侨镇、杨村镇）涉及龟类产业企业（户）约 868 家（户），龟类产业产值约 2.39 亿元，主导产业（龟产业）产值约占（杨侨镇、杨村镇）农业总产值 50.91%。

通过龙头带动的效应，良种场为龟类企业带来新的发展动能，龟类产业为当地农业注入新的内涵动力。在产业园项目的推动下，发展趋向科研、观光休闲产业等方向发展，同时也带动了周边龟类企业、养殖户发展，形成了一二三产联动发展良好局面，成为广东省龟类产业乡村振兴试验区、龟类现代养殖生产技术与装备集成示范区。

培育优质鳜苗，引导产业健康发展——

广东鳜鱼良种场

惠州市博罗县同乐农业技术发展有限公司成立于 2011 年 9 月，位于博罗县罗阳街道物资协作城 B4 栋 20 号。公司所属的广东鳜鱼良种场与中国水产科学研究院珠江水产研究所（以下简称“珠江所”）合作，共同培育优势良种鳜“同乐 1 号”。创办人彭相出生于 1990 年，毕业于广州体育学院，2016 年开始了解研究鳜鱼的生活习性及养殖方法，基于其父亲彭灼庭董事长大力支持，2017 年正式与珠江所联手合作，开展鳜鱼选育。公司致力于鳜鱼、加州鲈、草鱼、鲢鱼、鳙鱼等淡水品种的繁育和养殖生产，年繁育各类优质淡水鱼花、标粗鱼种约 2 亿尾，年生产商品鱼 800 多吨。

双龙水都“同乐1号”鳜鱼良种场平面图

与珠江所合作鳜鱼良种培育

据悉，良种场从 2017 年开始与珠江所卢迈新教授合作，亲本由卢迈新学科组提供亲本培育。该场承担与珠江所研究鳜鱼优质种苗资源的保种、引种及相关科

双龙水都“同乐1号”鳜鱼良种场航拍

研工作，承担鳜鱼养殖试验工作及种苗和人工增殖鱼苗的培育工作，承担广东省珠三角鳜鱼的种质保护和良种选育，开展鳜鱼传承优品种的人工繁殖、绿色健康高效养殖技术、现代养殖模式的研究示范工作；进行有经济效益的鳜鱼产种苗生产、销售工作；从事鳜鱼良种选育、苗种生产和技术推广。

鳜鱼是我国重要的淡水名优鱼类，20 世纪 70 年代末鳜鱼人工繁殖获得成功后，很快突破了成鱼养殖技术。经过 30 多年的持续发展，广东省建立了鳜鱼养殖优势产业带，形成了从苗种培育、饵料供应到成鱼运输与销售的完整产业链。广东省每年鳜鱼养殖产量近 10 万吨，约占全国的 30%，鳜鱼产业领航全国。同时广东省也是鳜苗种的主要供应地，每年产苗约 20 亿尾。惠州市是广东省鳜鱼养殖主产区之一，养殖面积 1 万多亩，配套的饵料鱼养殖面积有 5 万多亩。博罗县是惠州市鳜鱼苗种生产与鳜鱼成鱼主养区，现有鳜鱼养殖面积 3000 多亩，商品鱼产量 2600 多吨，产值约 1.6 亿元。

水花

公司现有水产养殖繁育生产基地 1900 多亩，毗邻沙河，水源充足，水质良好，交通便利。近五年来，公司已经投入近 3000 万元用于基地生产设施建设和发展养殖生产，高标准改造养殖池塘近 800 亩，建造养殖水泥池 50 多个、近 10000 平方米，建成综合办公和实验大楼超 2000 平方米；另外，建成水产种苗繁育场面积 200 亩，建成育苗车间 1 个，建有蓄水池 1 个、产卵池 3 个、孵化池 30 个、培育池 3 个、打包池 1 个，约 2500 平方米。该公司注册企业标准鳜“同乐 1 号”种质标准，形成了自产自销产业链；带动 322 户农户，每户年均增加收入 900 元。

推进鳜产业规范健康发展

作为“同乐 1 号”鳜鱼种苗唯一生产企业，良种场独创的物理方法转性技术，改变了国际通用的性激素处理转性技术，使鳜鱼的雄性率达到 99.7%，确保了鳜鱼产品的质量，工厂化高密度循环水技术育苗，确保全年都有苗种供应。由于繁殖和育苗都在人工控制条件下进行，既确保了苗种质量，又能实现按需生产，常年都有种苗供应，满足养殖户的需求。良种场提供的种苗包括水花、夏花（7 朝规格）和越冬苗（4 ~ 6 厘米）采用直销和经销两种方式提供给养殖户。为预防假冒，良种场在包装袋上印刷了“同乐 1 号”商标名称及“双龙水都”的商标图案。良种场开展了进一步的选育，获得了经济性状和养殖效果更加优良的鳜“同乐 1 号”品种，并注册了鳜“同乐 1 号”商标。值得一提的是，良种场还采用人工控制鳜鱼常年繁育技术按需生产鳜“同乐 1 号”鱼种，并严格执行苗种培育操作规程和苗种质量监测管理。

良种场对育苗池增设控温设备和循环过滤设备，采取加温措施培育种苗，提高成活率和提早供苗。全面采用循环水工厂化育苗和网箱育苗技术，大幅度提高出苗率；采用物理转性技术，改变了国际通用的性激素处理转性技术，雄性率高达 99.7%，既保证了雄性率和产品质量安全，又可以出售较小规格鱼苗，满足标粗场的需求。

为了提高苗种质量，良种场还一直坚持执行鱼苗强制淘汰制度，通过过筛去除同批次小规格苗种，每批鱼苗淘汰率达到 5% ~ 10%。在鱼苗培育过程中，经常进行水质的检测和病虫害的防疫。每批鱼苗在出售以前都要进行雄性率的检测和鱼病的检疫，要求雄性率达到 98% 以上，车轮虫、指环虫、小瓜虫等寄生虫不得检出。确保每一批鱼苗的质量达标，为养殖户提供健康合格的苗种。

【相关阅读：“同乐 1 号”鳜鱼特性】

“同乐 1 号”鳜鱼亲鱼来源于江西鄱阳湖、湖南洞庭湖和湖北长江中游。珠江所卢迈新学科组挑选体型标准、健康无病的野生翘嘴鳜培育成亲鱼，并从珠江所育种基地引进的两个家系培育成亲鱼。从外部形态看，亲本体侧扁，背部隆起，口大，端位，斜裂。下颌稍突出，上下颌、犁骨、口盖骨均有绒毛状小齿。前鳃盖骨后缘锯齿状有 4 ～ 5 个大棘，后鳃盖骨后缘有 2 个扁平的棘。鳞为细小圆鳞。背鳍长，前部为硬棘。胸鳍圆形。腹鳍近胸部。尾鳍圆形。体色黄绿，腹部灰白。体侧具不规则的暗棕色斑点或斑块，自吻端经眼眶至背鳍基部前下方有一条狭长的黑色带纹。背鳍的第 6 ～ 7 根棘的下方有较宽的暗棕色垂。

经严格选育成的鳜“同乐 1 号”主要养殖特点有：(1) 生长快，亩放养 2500 尾规格为 3 ～ 4 厘米的鱼种，养殖 6 个月平均体质量可达到 1000 克以上；(2) 体高、头小、背厚、出肉率高，深受加工厂的欢迎；(3) 抗病力强，适宜在水质较肥的池塘养殖，耐低氧，养殖成活率可达到 90% 以上；(4) 初次性成熟时间较迟，广东地区常规气候条件下，雄鱼初次性成熟约 5 个月，雌鱼约 6 个月，比其他鳜鱼迟了 1 ～ 2 个月，更有利于鳜鱼的生长。

孵化池

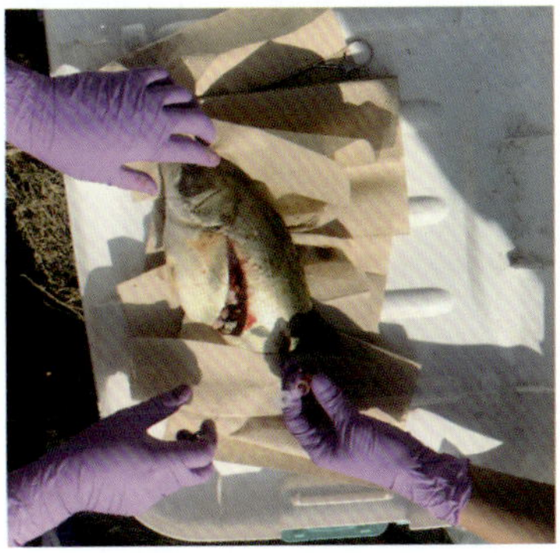

自产种苗抽样化验

“同乐1号”鳜鱼

全国最大中华鳖良种供应基地之一——

惠州财兴省级中华鳖良种场

惠州财兴省级中华鳖良种场由惠州市财兴实业有限公司创建，中国水产科学研究院珠江水产研究所为技术依托单位。经多年发展，该良种场已经成为全国最大的中华鳖良种供应基地之一，每年为社会提供大量优质中华鳖苗种，在业内具有较高的知名度和影响力的同时，有效优化中华鳖苗种市场。

创建知名中华鳖良种场

惠州市财兴实业有限公司是一家集中华鳖、鳗鲡、大刺鳅、鲈鱼等特种水产品养殖及饲料生产于一体的综合性民营企业，是广东省重点农业龙头企业。创立者刘财灵，2015 年被中国科协评为“农村科普带头人”，现任惠州市财兴实业有限公司董事长、惠州市渔业协会会长、惠州市惠城区龙头企业协会常务理事、广东省龟鳖养殖协会副会长、惠州市农学会常务理事。他长期致力于发展特种水产养殖业，在该领域有丰富的市场经验和管理运作能力，于 1997 年开始从事中华鳖、鳗鲡养殖，创立了“惠绿源”品牌，并获“广东省十大名鱼”“广东省名牌产品”“广东渔业种业十大名优品种”称号。在惠州乃至广东水产养殖行业具有较高的知名度和影响力，尤其在中华鳖养殖领域具有卓越贡献。

公司成立于 2006 年 12 月，位于广东省惠州市惠城区马安镇横河村（国家现代农业示范区核心区），养殖基地占地面积 4177 亩，分为中华鳖和鳗鲡养殖区，由 6 个分场组成，基础设施完善，具备高效养殖标准化设施设备，拥有温棚育苗车间 42000 平方米，孵化车间 1200 平方米，饲料生产车间 2100 平方米。公司经过近 20 年的努力，积累了成熟的中华鳖、鳗鲡养殖经验，形成了养殖品种从种苗繁育到成品鱼养殖的稳定生产链。产品注册商标为“惠绿源”牌中华鳖、鳗鲡，全程按照无公害绿色健康养殖标准进行生产，从 2005 年起至今，产品连续被国家

绿检中心检验鉴定全部合格。目前，公司是全国中华鳖、鳗鲡养殖规模最大的基地之一、全国养殖中华鳖最大企业，具有较高引领行业发展的知名度和影响力。

“惠绿源”中华鳖

目前该公司有亲鳖培育区 300 亩、鳖苗培育区 50 亩、温棚育苗车间 42000 平方米、对比试验区 1600 亩，孵化车间 3 个共 1200 平方米，中华鳖亲本 15 万只，后备亲本 5 万只，年产苗量突破 600 万只；同时新建设了实验室设施面积 40 平方米，保证了养殖生产过程中水质、虫害等方面的检测需要；年销售中华鳖苗种 400 多万只，为地方区域优化养殖品种作出了较大贡献，同时经过示范推广，带动本地和周边养殖户养殖中华鳖，户均年增收达 2.5 万元。对带动农民致富，振兴当地农村经济起到积极作用。

2013 年 3 月，公司创建的良种场被认定为省级中华鳖水产良种场，经过 7 年的发展，已经成为全国最大的中华鳖良种供应基地之一。该场不断加大投入，高标准建设育苗基地，促进中华鳖苗种生产原良种化、规范化。据悉，该场进行了升级改造后，配套相关设施设备进一步完善，2015 年还荣获全国现代渔业种业示范场称号。该场构建了良种支撑体系，提高育苗生产技术水平，促进良种场升级。

中华鳖育苗养殖可持续发展

为了发展健康种业，良种场制订和严格执行产品质量管理制度、产品质量跟踪和售后服务制度、隔离防疫制度、环境卫生管理制度、饲料管理制度、药物管理制度、养殖日志制度、水质检测制度、产品检测制度和重要疾病和重要事项及时报告制度等。保证各项管理工作科学、规范和完善。

据了解，良种场在生产过程中严格执行《无公害食品中华鳖》《无公害中华鳖养殖技术规范》国家标准和《中华鳖苗种质量》《“惠绿源”中华鳖良种技术操作规程》等企业标准。确保所生产产品优质、健康、安全。2014 年，该公司编制了《中华鳖仿生态养殖技术规程》，于 2015 年 10 月规程获省技术监督局审核认定为市级地方标准，规程免费分发到周边各养殖户，为渔业标准的普及和推广起到重要作用。打造了甲鱼特种水产品养殖的规模化地方产业旗舰。

除此之外，良种场定期检测养殖用水，科学处理好养殖用水与环境保护的关系，确保养殖用水符合无公害水产养殖技术标准，水源无污染。生产过程应用生物调控育苗和养殖水质环境，养殖废水达标排放。

目前，良种场在育苗和养殖生产逐步实现工厂化、标准化、产业化生产。销售的苗种质量安全，疫病检测合格率达 100%，企业信用评级 AAA；同时，该公司做好养殖生产记录、用药记录和销售记录等。记录及时、详细、完整、准确，并做好存档保管，逐步建立企业产品追溯系统。定期组织员工学习无公害养殖知识和健康养殖技术操作规范，定期对员工进行水产健康养殖和产品质量安全生产等教育。每年定期组织员工集体学习健康养殖知识和产品质量安全教育 3 次。

2013 年以来，良种场在中华鳖亲本养殖模式进行调整，采取“鱼菜共生”水循环和高位池温棚养殖模式，利用科学的方法进行生物降解，从而消除水中氨氮，改善了生态环境。不仅减少了水资源的消耗和中华鳖养殖污水的排放，而且保护了基地生态环境，推动了渔业的可持续发展。

中华鳖苗

“惠绿源”中华鳖品质优良

良种场生产的“惠绿源”中华鳖苗种，是以洞庭湖水系和黄河水系引入的优质中华鳖作为母本和父本，进行科学配对，并按本公司制定且被认定为惠州市地方标准的《中华鳖仿生态养殖技术规程》（DB4413）进行培育和繁殖，经5代科学选育而成。该中华鳖体态均匀、光泽透亮、裙边宽厚、肌肉结实，具有体质好、病害少、成活率高、生长速度快等优点，深受养殖从业者欢迎，获得“2019年广东渔业种业十大名优品种”称号。“惠绿源”中华鳖商品鳖其全程采用仿生态养殖，投喂鱼、虾、螺等鲜活饲料和营养全面的优质饲料，既是美味佳肴又是营养滋补佳品。其体型匀称、色泽光亮、裙边宽厚，肌肉丰满，具有野生风味，是惠州市财兴实业有限公司旗下的名牌产品，荣获“广东省名牌产品”“广东名鱼”荣誉称号。

为此，良种场制订了《中华鳖仿生态养殖技术规范》，并于2015年获准为惠州市地方标准，推广了“惠绿源”中华鳖良种选育技术和鱼苗生产技术，为养殖户提供种质纯正、经济性状显著、抗病力强的优质中华鳖种苗，提高了中华鳖良种覆盖率和养殖生产经济效益。

良种场还分别从湖南汉部地区以及广东绿卡实业有限公司引进良种，联合珠江水产研究所选育，建立中华鳖良种亲本库，并提纯复壮与筛选，组建优良种质资源群体，结合广东省实际，开展优化中华鳖种质改良试验示范。运用常规育种技术与生物工程育种技术相结合，年生产“惠绿源”中华鳖种苗从180万只提高到600万只。

年孵化培育鱼虾苗38亿尾——

阳江市阳西县康顺虾苗场

阳江市阳西县康顺虾苗场成立于1998年，是全市唯一一家专业从事鱼虾种苗选育、繁育、海水鱼增殖放流研发、水产养殖的广东省民营科技企业。企业经过多年的发展壮大，现已建成选育、繁育、养殖、研发于一体的综合科研与生产基地，是粤西地区设备先进、配套齐全、标准规范的省级水产良种场，年孵化并培育各类鱼虾苗38亿尾，选育南美白亲虾12万对。

企业法人、场长黄畅是水产养殖工程师、阳江市拔尖人才、广东省农村科技特派员、广东省农村乡土专家，从1995年开始从事对虾种苗繁育、掌握丰富养殖技术和经验，研究开发的“无公害南美白对虾种苗标准化繁育技术”“海洋生物种苗繁育水质处理技术”“南美白对虾环道式两级高效养殖技术”以创新的技术推广应用，为广大养殖户提供优质健康种苗，促进了水产养殖业的健康发展，为推进阳江市具有特色的海洋渔业发展作出了贡献。

基础设施完备，技术成果不断

该虾苗场位于阳江市阳西县上洋镇河北渔港，拥有1个650亩的养殖基地、2个共占地15600平方米的种苗生产基地，建有工厂化育苗车间9300平方米，亲虾培育池5300立方米，育苗水体11000立方米，藻类培育池960立方米，配套水质处理系统、温控系统、增氧系统、供电系统、检测室等设备设施。

虾苗场成立以来，致力开展种苗繁育技术研究，积极开展技术创新，研究开发的“无公害南美白对虾种苗标准化繁育技术”获2009年阳江市科学技术奖二等奖；“海洋生物种苗繁育水质处理技术”获2011年度阳江市科学技术二等奖；“南美白对虾环道式两级高效养殖技术”获2013年度阳江市科学技术二等奖。

近年，虾苗场先后被认定为广东省无公害农产品产地、广东省民营科技企业、广东省食品安全示范单位、水产养殖质量安全示范点、阳江市农业龙头企业、阳江市现代化渔业建设示范基地，阳江市人才工作示范点，连续多年被省、市、县评为“先进民营企业”“文明经营企业”“守合同重信用企业”“渔业先进单位”。

从育虾到育蟹，打磨工匠精神

1985 年，在对虾育种行业中打滚摸爬多年的黄畅，成立了阳西县康顺虾苗场，30 多年磨一剑，康顺虾苗场由一家小规模家庭式种苗生产场，规模不断壮大，养殖场由一间扩展为两间。所孵化、繁育的幼苗体质健壮、生长快、病害少、无公害，成活率高。企业注册的“吉康顺”商标虾苗，畅销省内外。

为了改良对虾良种选育技术，黄畅带领科研人员在实验室里对着从远洋采购回来的亲虾，夜以继日地反复研究，尝试各种试验。2002 年，黄畅在一次试验中操作失误，造成了 24 个池 1 亿多尾虾苗“全军覆没”。虽然损失惨重，但工匠精神绽放光芒，探索的脚步永不停歇。2005 年，他与高校开展产学研合作，终于培育出“无公害南美白对虾种苗标准化繁育技术”，有效地提高了对虾种苗生产的质量标准化和产业化水平。项目实施 3 年，生产出对虾幼体 1450 亿尾，繁育 SPF 对虾 91 亿尾，推广养殖面积 9.9 万亩，总产值达 7.63 亿元，养殖户增收 1460 万元。

近年来，虾苗场与中山大学技术合作的青蟹箱式工厂化养殖技术日趋成熟，“蟹宅”已建成投产，使应用该养殖技术的项目成为阳江市第一个模式化养殖项目。黄畅期待将成熟的育蟹技术传授给更多的养殖户，带动更多农民养殖致富。

发展科技团队，增强企业竞争力

一直以来，康顺虾苗场注重科技创新，成立了阳江市对虾良种选育繁育工程技术研发中心，与中山大学、华南农业大学、华南师范大学、广东海洋大学、南海水产研究所、广东省水产健康安全养殖重点实验室等高校、科研院所建立长期技术合作关系，是广东海洋大学水产学院产学研基地。

虾苗场采用引进来和走出去相结合的策略，在偏僻的小渔村，打造了水产育种人才库。2017 年，引进华南师范大学生命科学学院高学历高素质创新团队，开展高健康鱼虾苗种培育与优质健康养殖关键技术研究与应用示范。2018 年，引进广东省水产健康安全养殖重点实验室科研团队，开展鱼虾种质资源与优质健康养殖研究。其中，不乏享受国务院津贴专家、组织部“青年千人”“国家优青”等高素质、高学历人才。

引进来的同时，还主动走出去。虾苗场选派康顺的管理技术人员到同行先进单位交流深造，参与原广东省科技厅、原广东省海洋与渔业厅组织的各类产学研对接活动和培训班，通过参加洽谈会、博览会、技术发布会等活动，与本行业科研院所开展多种形式交流。几年下来，1 人获得水产养殖工程师职称，3 人获得水产养殖助理工程师职称，11 人获得水产养殖初级职称，2 人获得广东省水产内检员证书，技术员工全部持有广东省水产养殖技能鉴定委员会颁发的技能鉴定证书。

团队科研成绩也逐步突破。虾苗场负责的“无公害南美白对虾种苗标准化繁育技术项目”获得了阳江市科学技术奖励二等奖；“海洋生物种苗繁育水质处理技术”获 2011 年度阳江市科学技术二等奖；“南美白对虾环道式两级高效养殖技术”获 2013 年度阳江市科学技术二等奖、阳西县科学技术进步一等奖。团队承担国家、省、市、县科研项目超过 16 个。与华南师范大学共建广东省重点实验室阳江康顺实验室已建设好投入使用，该实验室为阳江市水产养殖第一个企业重点实验室。康顺被阳江市委组织部评为“阳江市人才工作示范点单位”、林浩然院士工作站实践基地。康顺的技术团队，已经成长为阳江，乃至整个华南地区，一股不容忽视的技术力量，为阳江争当“以海兴市排头兵”提供有力的技术支撑。

带领养殖户致富，发挥示范效应

康顺虾苗场成为“阳江市人才工作示范点单位”以后，凭借技术优势，积极推动技术反馈，回报社群，造福广大养殖户。近年来，虾苗场为养殖户免费提供种苗选育、培育，水质检测，病害防治，饲料调配，技术指导和咨询等服务。主动组织周边养殖户进行实用技术培训，提供技术指导等服务。近 3 年来，共举办各种培训班 21 期 1816 人次，发放资料 6150 册（份）。

同时，虾苗场还积极为周边院校水产养殖专业的学生提供实习场所和技术指导。据不完全统计，近几年，虾苗场作为实习基地，共接纳各高校实习生 421 人次，这为阳江市及周边地区积累了庞大的水产养殖人才储备。

黄畅先后当上市、县“两新”组织优秀书记，市、县党代表后，连续四届当选为市管拔尖人才。他在党代表提案上提出：作为对虾养殖产业链上的第一环，虾苗繁育至关重要，必须把好质量关，建议相关部门应加强全市大大小小虾苗场的管理，定期或不定期开展病毒、违禁药品等项目的检测，促进良性竞争，同时环保部门也要加强对虾塘的水质和环境监测，指导农户除污。基于自身与高校、科研机构合作的成功经验，他建议，政府应牵线搭桥，促成更多技术合作，广泛推广“公司 + 农户 + 高校 / 研究机构”的模式，提升种苗质量和养殖水平。他表示，将不断提升种苗培育技术，自己做大做强的同时，团结广大虾苗种苗企业家建立行业协会，互帮互助，力促整体技术水平提升。

广东重要的渔业高新技术企业——

阳江市渔乡子水产科技实业有限公司

阳江市渔乡子水产科技实业有限公司（以下简称“渔乡子”）是“广东省级良种场”，成立于2009年，以优质海水鱼类亲本选育、种苗繁育和供应、健康水产养殖技术推广为主。经营石斑鱼类、金鼓鱼、花尾胡椒鲷、断斑石鲈、卵形鲳鲹、紫红笛鲷、花鲈、黄鳍鲷、斑节对虾、南美白对虾等十多个优质鱼虾苗品种的人工孵化及供销，青石斑鱼——俗称海鸡鱼，是该公司明星品种。“青石斑鱼苗种”获广东省名牌产品。公司是全省重要的科技企业，《虾养殖用网箱组装西系统》《明虾生态混养法》等4项获国家专利。近年来，公司利用良种场现有自然资源、人文条件，推进休闲渔业第二产业。

科技兴渔载誉满满

渔乡子创立者吴月喜，从事海水养殖25年，她积累了丰富的经验和成熟的专业技术，在养殖业闯出了自己的一片天地。目前，她是水产养殖高级工程师、阳江市管拔尖人才、现任广东省女企业家协会理事、阳江市女企业家协会常务副会长、阳江市巾帼致富带头人协会会长、阳江市红十字会常务理事。获“全国巾帼建功标兵”“广东省优秀女企业家”“广东省女致富带头人”“广东十大最美乡村女能手”“广东省三八红旗手”“海陵区十大工匠”称号。

渔乡子一直注重“科技兴渔”。目前，公司现有高级职称1人、中级职称3人，专业技术人员16人，长期科研合作联系的专家教授6人。公司与国家病原库、上海海洋大学、华南农业大学、暨南大学、广东海洋大学、广东省水产学院等高等院校和科研单位长期建立协作关系。

据悉，公司的《生态型对虾高密度多级轮养技术》《网箱抗寒病优质海水鱼类

养殖技术》《海水鱼苗孵化繁育的研究与开发》《卵形鲳鲹生态育苗技术研究与示范推广》《植物多糖在海水鱼类健康养殖的推广和应用》等被广东省科技厅作为农业攻关项目立项、作为省级星火计划项目推广。公司是全国妇联、农业部、科技部评定的“全国巾帼现代农业示范基地”“广东省高新技术企业”，连续10年被阳江市工商局评为“重合同、守信用”的先进企业。公司还是阳江市较大规模的渔业产业化龙头企业和示范点，被原广东省海洋与渔业局评为“水产养殖质量安全示范点”、被广东省科技厅定为广东省农村信息化建设试点，是阳江市水产动物繁殖与育种工程技术研究中心、阳江市组织部评为人才工作示范点、海陵区组织部评为人才工作示范点、市“爱心企业”。

苗种供应与技术推广同步推进

目前，公司拥有近200亩海水优质鱼苗繁育基地、1000多亩配套养殖基地、2个亲鱼培育网箱基地、工厂化循环水育苗车间2条，水产病害检测中心（鱼虾医院）1个、可容50人的多功能电教培训室1个、养殖专业藏书2千册的阅览室1个、《水产科技墙报》80平方米。创办《科学养殖》内部小报和手机报《养虾情报》，长期给养殖户予技术和资讯支持。

在苗种供应方面，除了供应养殖户外，公司为阳江、深圳、湛江、台山、中山、珠海等地多次大型增殖放流活动提供种苗。在技术推广方面，公司以“公司＋基地＋农户”的模式，开展“生产＋科研＋培训”多功能业务。指导着800多户养殖户盈利，养殖面积超过80000亩，产值超2亿元以上，带动和辐射15000多人就业致富。在人才培养方面，5年来，公司举办水产养殖班105期，培训学员855人次。

为一些院校带出了研究生、本科生、大专生、实习学生 30 多名。

助推渔业高质量发展

为进一步促进行业发展，吴月喜结合水产养殖经验与技术，主导或参与不少论文，其中一些重要论文获得科技奖项。据介绍，《南美白对虾杆状白斑病毒及综合防治》在全国第六届科学家论坛上被评为自主创新学术成果优秀奖。《海水鱼类孤菌病免疫防治技术》《斜带石斑鱼鱼苗人工繁育技术》获阳江市科学技术一等奖。《军曹鱼种苗人工孵化培育技术》获阳江市科学技术二等奖。《海水鱼类种苗规范化生产技术研究与示范推广》获阳江市科技进步三等奖。在《海洋与渔业》等省以上专业报刊发表《金钱鱼与斑节对虾混养》等多篇论文。

目前，吴月喜个人专著《最新健康水产养殖 100 问》也出版了。在吴月喜的计划里，要进行一些新的养殖模式，以生态绿色为主线，加快推进渔业高质量发展。

金钱鱼

斜带石斑鱼苗

紫红笛鲷

粤西实力雄厚的海水种苗良种场——

湛江腾飞东风螺场

湛江腾飞实业有限公司是一家专门从事水产种苗培育、海水养殖、饲料研发为主的综合性企业。公司投入1500万元在湛江市东海岛东南码头建设了腾飞东风螺场（总场），所生产的东风螺种苗于2014年被认定为广东省高新技术产品。该场配套齐全，有规范的亲螺培育、螺苗培育车间等先进设施，被农业部授予“农业部水产健康养殖示范场”的称号，并通过了质量管理体系和食品安全管理体系认证，是粤西地区设备、技术力量、规模都名列前茅的海水种苗良种场。

选育泥东风螺优良品种

泥东风螺俗称黄螺，分布我国东海和南海海域，生活在数米至数十米水深的泥沙质海底，为广盐性、广温性的肉食性贝类，适温范围为13～33℃，最适生长水温25～30℃，盐度适应范围为20～34，最适盐度为25～32，酸碱度适应

范围为 pH7.5 ～ 8.4。泥东风螺的繁殖期为 3—10 月，繁殖高峰期在 6—9 月。泥东风螺肉质鲜美，营养丰富，含有多种氨基酸和稀有元素且很少含胆固醇，具较高经济价值，是国内外市场十分畅销的优质海产贝类，2005 年起，泥东风螺养殖在湛江迅速发展起来，现已成为湛江市主要海水贝类养殖产业之一。

国内泥东风螺的研究大多集中于其生物学特性（包括胚胎发育）、养殖技术、饵料分析和配制、疾病预防、育苗技术、生态控制等方面，育种相关研究比较少，泥东风螺的育种是一个有待于深入挖掘的课题。随着时间的推进，人工养殖东风螺的种质退化明显，生长减慢，抗病力减弱，一些退化群体，养殖时间达到一年以上。

为了保护与开发泥东风螺种质资源，选育生长、抗病及繁殖性状优良的品种，2016—2020 年，腾飞东风螺场投资 400 万元进行泥东风螺良种选育，项目完成后实现年产泥东风螺亲本 1 万粒，泥东风螺苗 3000 万粒，产值 470 万元，选育的泥东风螺家系生长速度比亲本提高 15% ～ 25%，存活率提高 20% ～ 30%。产品主要销售广东、广西、海南、福建、浙江、青岛等地，通过向市场提供大量优质的泥东风螺苗，带动了泥东风螺的养殖，为增加渔民就业，提高渔民经济收入做出了贡献。选育过程中制定了泥东风螺育苗、饵料和养成操作规范，推动了广东沿海地区东风螺的产业化养殖；建设了循环水体系，养殖水排放达到国家标准，实现了养殖水体的零污染，促进了泥东风螺养殖业的可持续健康发展。

承担多项科技攻关项目

腾飞东风螺场设施齐备，场内配置了亲螺培育车间、育苗车间、藻类池、实验办公楼、饲料仓库、药品仓库、水质分析与种苗质量检测实验室、生产管理用房、供电、供气、供热、供排水处理系统等设施。投资 470 万元建一级提水养虾池 460 亩，作为虾池养殖东风螺场地。其中投资 290 万元对东海岛庵里 150 亩虾泥塘水面面积、供水和排水系统进行改造，池壁和池底铺设地膜，配套建设了东海岛东南码头腾飞海水处理系统 300 米入海管线，并增加增氧设施，使其成为东风螺养殖池。在东海岛庵里浅海的潮下线建设东风螺海区养殖面积 15 公顷，用作亲螺培育。在硇洲岛建设腾飞硇洲滩涂东风螺中试基地 1.6 公顷。已成为我国最大的东风螺养殖大型标准化养殖示范推广基地之一。

腾飞东风螺场累积了丰富的东风螺养殖技术，多次承担了东风螺科技攻关与研发项目。2010 年、2011 年、2012 年，腾飞东风螺场承担广东省海洋渔业局科技攻关与研发项目《东风螺工厂化育苗及规模化养殖和饵料生产》；2012—2013 年，东风螺场承担了广东省海洋渔业局科技推广专项科技攻关与研发项目《工厂化养殖场、池塘、潮下线海区规模化养殖方斑东风螺》；2011—2013 年承担了广东省水产良种体系建设项目《方斑东风螺良种选育》；2016 年承担广东省水产良种体系建设项目《泥东风螺良种选育》。其中《东风螺工厂化育苗及规模化养殖和饵料生产》获得湛江市人民政府科技进步二等奖。一种方斑东风螺亲螺养成期的软体饵料及其生产方法、一种利用地膜虾塘养殖方斑东风螺的技术已经申报专利。

该场拥有雄厚的技术力量，现有各类专业技术人才 12 人，其中高级技术人员 2 人，中级技术人才 10 人，并长期与中山大学生命科学院、南海水产研究所、广东海洋大学等科研院校合作。

【相关阅读：泥东风螺良种选育技术路线】

收集、选择、培育优质亲本。从我国南海原产地引进性成熟个体或性未成熟个体培育成的亲螺，亲螺应采集体质较好、平均壳长 6 厘米、体表光洁、活力良好、螺形完整、健康无病的临近产卵期的野生螺，雌雄比约 1 ： 1，放养在经过滤消毒的产卵池中，池水比重 1.018 ～ 1.022，水温 28 ～ 31℃，保持微流水适当充气。

亲螺运至繁殖场后进行严格的消毒处理。清除螺壳体表的泥苔等附着物，使用过滤海水冲洗干净后，用聚维酮碘 10 ～ 15 毫克 / 升的浓度消毒 5 分钟，此时需注意充气增氧。培育于亲本养殖池，强化营养，并适度催产。亲螺经过暂养，并进行检疫，淘汰有病群体。

建立家系。确定标准化养殖条件及测定程序，确保在水质、饵料密度以及放苗规格的一致性，明确批次的间隔时间，保证数据的可靠性和有效性。以进入选育体系的我国南海泥东风螺和本地泥东风螺群系个体进行自交或杂交，获得家系。其 F1 代抗病性和生长速率比同等螺苗生长速率提高 10% 以上。

对家系有重点地进行遗传标记分析，获得遗传标记。各家系在相同的工厂化条件下培育，按照生长速度需求进行选育。对苗、幼螺、成螺、接近性成熟亲本螺分别进行一次生长速度的标准化选择，计算分析，淘汰不符合要求的家系。

对抗病性家系的苗、幼螺、成螺、接近性成熟亲本螺分别进行一次病原菌攻毒，经过标准化选择，计算分析，淘汰不符合要求的家系。

根据标准化养殖条件和标准化测定程序（4 ～ 5 次有效测定 / 年）所获得数据，计算综合育种值，确立交配权重，所选育品系提高生长率 15% ～ 25%，存活率提高 20% ～ 30%，确立交配方案。

反复选择。分别使选育的泥东风螺家系生长速度比一般亲本增加 15% ～ 25%，存活率提高 20% ～ 30%。在 3 ～ 5 代选育中，分别得到具有生长快或抗病害能力强、适应本地地理环境等优良性状且遗传稳定的良种亲螺品系，并进行遗传稳定性评价。

大田培育。在保留选育家系的同时，按照育种值，家系之间交配，选育 1 ～ 3 个核心群体或家系，同型群体交配，同时养殖、跟踪，根据工厂化、田间、海滩养殖效果分别统计分析，按标准留种，经 3 ～ 5 代获得核心群体或家系。

泥东风螺制种。根据得到的遗传性状稳定、养殖效果良好的家系资料，经统计分析制作品种。继续选育过程，培育优良品种，防止泥东风螺种质退化。制定泥东风螺选育、培育等规范。建立泥东风螺选育体系，培育更多良种。

大型现代化良种繁育基地——

湛江粤海水产种苗有限公司

湛江粤海水产种苗有限公司成立于2006年3月，主要从事水产种苗的生产、研发、销售及服务，是中国水产种苗行业优秀企业之一。徐闻对虾良种基地是粤海种苗于2013年建成投产的一个大型现代化良种繁育基地。基地坐落于雷州半岛东海岸的湛江市徐闻县前山镇云仔村，环境优美，交通便利。基地毗邻外海，取水水域无工业污染，水源和水质较为稳定，一年四季皆适宜良种繁育。2011年，公司提出的申报建设广东省省级水产良种场的申请获得省海洋与渔业局批复，湛江粤海水产种苗有限公司正式成为省级水产良种场的一员。

培育健全良种体系

对于南美白对虾种苗繁育工作，公司在探索革新中实现了跨越式的发展，在技术力量、生产管理体系、终端客户养殖数据追溯体系、生物防疫系统以及品质监控程序方面，皆处于国内同行业领先水平。

亲虾车间

公司先后在湛江东海岛、海南文昌市及徐闻前山镇，投资兴建了国内领先的大规模现代化对虾良种繁育基地；在广东、广西、海南、江浙、山东等主要对虾养殖区域，都布局了良种培育及淡化标粗基地。通过标准化的生产管理体

系及实践经验丰富的专业技术团队，从亲虾优选到虾苗出品，均层层把关，着眼细节，旨在为广大养殖户提供健康优质的健康虾苗。基地拥有 11 栋虾苗培育车间，2 栋亲虾繁育车间，1 栋藻类培养车间，9 口亲虾选育池塘，为保证种苗品质，基地配套了健全的生物防疫设施和检测实验室，由专职检测人员监控产品品质。

南美白对虾

现代化设施保障虾苗品质

公司注重生产硬件的投入，配套现代化先进的生产设施设备、多重超滤水处理系统、活藻培育系统和标准化的生产流程；建立了严谨的生物防疫体系；配备功能齐全的检测中心（包括水质分析实验室、微生物实验室、病毒实验室及营养实验室等）以及完善的品质监控程序。在生产过程各个环节和产品出场均严格按相关的国家和行业标准执行，使产品质量得以保障。

公司现有2条亲虾培育车间，共计16个亲虾池，8个孵化池，4个预热池，总水体400立方米。每条车间均配有锅炉加热系统及风冷冷水机降温系统，可保证全年车间温度处在虾苗较为适宜的生长范围，确保了生产的正常运转。公司还建立了藻类三级扩培的研发以及生产培养车间，从保种、筛选、扩大化培养等一整套生产过程进行了优化，确保了育苗车间生物饵料的持续供应。据悉，该公司丰年虫的孵化车间建立了以孵化池为主要孵化场地的创新模式，替代了传统的孵化桶，在大水体和规模化的培养方式下，持续供应丰年虫幼体，为虾苗的生产提供饵料。

公司建立了一系列的生物防控设施，特别是以围栏分隔的方式对各个部门进行了隔离，其中包括了水源隔离、亲虾生产部门隔离、育苗部门生产隔离等。严格生物防控，在围栏分割的基础上建立起了各个部门进出通道的消毒配套系统设施。公司严格生物防控还包括了保持生产车间和场地的洁净，其中以绿地和水泥地面替代了土路，并每半月对场地进行消毒，确保了环境的安全。

为辅助选育项目顺利开展，实现生产流程化，各项指标数据化，以期获得方便推广应用的优质种苗繁育技术体系，基地建立了设备齐全的品控及检测实验室。首先，为避免外来有害污染源进入生产车间，基地对原有水处理系统进行了更新改造，设计安装了原水处理系统。其次，该公司还建立超滤水处理系统。除了完善的流程和现代化的生产系统，公司还拥有一支由多名技术工程师及专业管理骨干组成的中青年人才梯队。在流程化生产过程中，技术人员能在检测数据分析基础上结合丰富的实践经验预判水质和虾苗的变化趋势，提前采用科学手段调理，保持水质稳定和虾苗的健康度。

在经营方面，公司重视终端销售和养殖效果。通过建立养殖数据收集和产品追溯体系，结合完整规范的生产记录和关键环节检测控制要点的综合分析，不断革新技术手法，改善质量管理体系，从而提升产品质量，满足不同地域、不同投放模式的客户需求。

近年来，为了推动对虾行业的健康可持续发展，该公司与广东海洋大学等单位合作，开展了多个科研项目，例如“凡纳滨对虾良种育苗技术更新改造项目”，推动产学研结合，以环保、高效为主要特征，对减少养殖环境的污染，在饵料系数、成活率与健康度、对虾抗病力方面具有明显优势，有利于解决目前不同地区对虾养殖过程中所遇见的难题。

自主生产幼体和培育虾苗

公司主要的工作对象是南美白对虾，在该主营业务上对国外引进的南美白对虾进行了品种筛选，形成了具有高抗和快长两个优良性状的高抗系列和快长系列筛选品种。其中，高抗系列以API，墨西哥湾高抗亲虾为主，快长系列以日夜快、顶丰和正大品系亲虾为主。

公司从国外引进亲虾，自主生产幼体和培育虾苗。在幼体生产方面，形成了通过投喂具有高营养的青虫和红虫等食物促进亲虾快速成熟，通过搅动水体使水体中的虾卵保持悬浮状态的高效孵化等一系列的安全方法，使得引进的亲虾得以高效交配和生产。另外对孵化出的幼体公司也进行的质量改进包括卵幼分离、光筛选等，进一步对生产的幼体进行质量筛选和优化。该基础上公司还对亲虾和生产出的幼体进行质量把控，对患有重大疾病（特别是荧光弧菌类、微孢子虫、白斑综合征、肝胰腺细小等）的亲虾以及存在趋光和畸形率不达标的幼体进行了淘汰处理。确保了出场的幼体都是具有较高抗逆性的优质幼体，能够在疾病频发的当下，降低育苗场后期的养殖困难度，提高养殖成功率。

在育苗方面，公司通过生态育苗的方法进行生产，其主要过程包括了抗生素的禁止、生物饵料的投喂、富集有益菌的水体培养等。确保了培养水体中没有滋生虾苗病原体，并且虾苗通过生物饵料获取到全面的营养从而生产出高质量的虾苗。在科学的培养方法下，生产出的虾苗，公司还需要进行一系列出场检测措施，包括常见的病毒、细菌类疾病以及虾体的活力和抗应激能力测试。在确保没有上述疾病，且具有符合标准抗逆活性的虾苗才能出场，确保了虾苗安全和健壮。另外公司实行生物防控机制，对公司人员进行管理，禁止育苗部门人员前往海边以及海鲜市场等容易携带病菌的区域，并且定时对车间和场地进行消毒。确保了场区的干净和安全。

公司上一年度共计生产快大系列幼体共计约200亿尾，虾苗约20亿尾；上一年度高抗系列的幼体约100亿尾，虾苗约10亿尾。直接创造了经济收益约7千万元，间接影响海水养殖面积约20万亩。公司对全国范围内南美白对虾的养殖都具有极大的影响力。

随着南美白对虾培育技术的成熟，虾苗成活率有了极大的提高，产品价格出现了大幅度的降低，产品利润也随之降低。在该背景下，提高产品质量和实现多元化的品种培育都是企业发展的大趋势。公司在南美白对虾品系筛选培养和质量把控的基础上，也对对虾中培养难度较大的斑节对虾进行了虾苗培育，其中共计培育出斑节对虾虾苗约1亿尾，创造价值约450万元。斑节对虾的培育成功，是公司对新品种的一个大胆尝试。在对斑节对虾的生长发育、育苗过程进行了跟踪以及质量检测论证，公司形成一套规模化的培育方法。

所获荣誉

年度	获得成果 / 荣誉	授予机构
2010	中国对虾种苗20强供应基地	中国水产流通与加工协会
2012	水产养殖质量安全示范点	广东省海洋与渔业局
2012	发明专利《一种对虾养殖微生物生长调节剂及其制备方法》	国家知识产权局
2012	发明专利《一种草药对虾饲料抗病添加剂》	国家知识产权局
2013	农业部水产健康养殖示范场	农业部办公厅
2013	广东省科学技术一等奖《凡纳滨对虾良种选育关键技术及产业化应用》	广东省人民政府
2014	全国产品质量稳定企业	中国质量技术监督
2015	发明专利《一种高级虾苗开口饵料及其制备方法》	国家知识产权局
2015	《凡纳滨对虾良种育苗技术更新改造》项目验收通过	广东省海洋与渔业局
2015	中国南美白对虾苗口碑力榜十强企业	南方农村报农财宝典
2016	湛江市科学技术专利金奖《一种中草药对虾饲料抗病添加剂》	湛江市人民政府
2016	作为合作单位参与广东省科技计划项目《凡纳滨对虾优异抗逆种质发掘与抗逆良种规模化高效扩繁技术》	广东省科学技术厅

续表

年度	获得成果 / 荣誉	授予机构
2016	十大健康安全种苗品牌	南方农村报农财宝典
2018	2018 年度全国对虾种苗先进会员单位	中国渔业协会对虾分会
2019	2018 年中国养虾高手最信赖虾苗品牌	水产前沿 / 中国水产频道
2020	2019 中国养虾高手最信赖虾苗品牌	水产前沿频道
2020	广东省农业技术推广奖（获奖项目：智能水产养殖远程精准管控关键技术推广与应用；二等奖）	广东省农业技术推广站
2020	2020 年广东水产种业特色品种	广东省水产技术推广总站
2020	一种南美白对虾育苗池增氧机构	国家知识产权局
2020	一种南美白对虾无菌害孵化水循环装置	国家知识产权局
2020	一种南美白对虾育苗用的高效培养装置	国家知识产权局
2020	一种南美白对虾育苗池吸污装置	国家知识产权局
2021	一种用于南美白对虾育苗池自动恒温加热装置	国家知识产权局
2021	一种南美白对虾培育水淡化装置	国家知识产权局

专注优质对虾苗培育23年——

湛江徐闻县海源养殖有限公司

湛江市徐闻县海源养殖有限公司创建于1997年，位于我国最南端，地处北部湾优质水源区域，是天然理想的育苗基地，适宜全年育苗。公司23年专注对虾苗培育，现拥有三大南美白对虾育苗基地，即“海中龙”“龙海域”“华海”三个专业基地。公司每年向农业农村部申请批文，年引进优质亲虾共9000多对，年产SPF优质幼体600亿尾，优质虾苗120亿尾，远销于华南、华东 、华北市场，遍布全国对虾养殖区域。

专注优质虾苗培育

海源公司育苗水体20000立方米，一个高位池养殖基地，占地面积450亩，固定资产6000多万元。创立者李小飞从事虾苗培育20年，积累了丰富的行业经验，

创建了养殖户认可的“海中龙”优质品牌，在行业中树立了良好的口碑。

为加强企业培育工作，公司组建了一支技术研发团队和服务团队，拥有一大批高素质管理人才，负责育苗、藻类和种虾的专业技术人才 16 人，均为本科以上学历，全部为水产专业毕业且有 10 年以上工作经验，企业员工 256 人有十几年工作经验员工占 70%。

公司聘请美国育苗专家驻点，进行系统升级，建立了最科学的亲虾车间、育苗车间、培藻车间、水质处理车间及水质净化处理系统，完善了“海中龙”育苗数据库，提高了整个生产系统的效率和安全性，确保繁育出高品质、高标准的虾苗。与客户进行全程数据对接，达到资源共享的目的，让每批虾苗都表现出色。

目前，公司主营新品种是从美国 API 种虾公司引进的高抗种虾，该品种具有抗病能力强、养殖中后期长速快、均匀度高、成功率高等特点，深受客户欢迎。

近年来，公司获评“广东省水产良种场”“湛江市对虾种苗协会副会长单位”，2015 年“口碑力榜十强企业”，2016 年“十大健康安全种苗品牌”，2018 年“中国对虾种苗十强企业”，2019 年“中国养虾高手最信赖虾苗品牌”等荣誉称号。

加强虾苗质量控制

经过 23 年发展，公司逐步建立了先进的种苗繁育设施和质量检测中心，配备有 PCR 仪、电泳仪、高速离心机、生化培养箱、超净工作台、精密过滤器、紫外线水消毒器、蛋白质分离器、沙滤缸等设备。

公司逐步加强检测重点。一是生物防控系统的强化，二是检测系统的加强。正如专家所说：“检测是监测病害非常重要的手段。”海源目前的检测体系在广东

海洋大学实验室指导下配置，检测团队定期对种虾、虾苗、饵料、水质进行检测分析，用专业的检测技术为生物访控系统和虾苗质量保驾护航。

公司还新建了一条温控生态培藻车间，建立了标准化、系统化、流程化的虾苗生产体系和管理体系。为了把控苗种质量，他们还建立了统一采购原料、统一使用标准、统一检测把关、统一出苗标准的“海中龙”育苗体系。

据李小飞介绍，公司能够稳定生产不带特定病毒及绿荧弧菌的优质健康种苗，确保每一批到虾农手中的虾苗都是“稳定、优质”的海中龙虾苗。公司选用优质的丰年虫和微囊育苗饵料，不断调整和完善饵料结构，优化投喂策略，使虾苗的质量得到明显提高，变态发育同步性逐步提高，发育时间提前，虾苗 13 天就可以达到 0.6 厘米，成活率达到 60%。

未来，海源公司将加大新品系的投入，加强人才队伍的培养，使公司的育苗技术更加成熟稳定。在育苗的营养与保苗方面，公司将加大研发投入，不断提高虾苗的抗病能力，从而提高养殖户的放苗成活率，确保公司的育苗技术处在行业领先地位，为水产行业的健康发展做出更大贡献。

广东首家省级对虾良种场——

湛江市东海对虾良种场

湛江市东海对虾良种场是广东省第一家省级对虾良种场，广东省对虾标准化养殖示范区、无公害水产品（对虾）基地，暨南大学、广东海洋大学产学研基地，北部湾渔民转产转业培训基地，湛江市“十佳对虾种苗场”。

年育优质南美白对虾苗5亿尾

据悉，良种场始建于1998年，总投资超1000万元，东海基地180亩，其中育苗水体3000立方米，亲虾培育与产卵车间2000平方米，亲虾选育与无公害养殖试验池55口120亩；南坡基地40亩，有选育与无公害养殖试验池10口。良种场配套先进的水质处理和控制系统、供氧系统、温控系统、饵料供应系统、病毒检测系统及污水处理系统。

良种场是湛江市水产技术推广中心站的试验示范基地，双方资源可以共享。中心站现有科技人员12名，其中高级工程师3名，工程师1名，助理工程师3名，技术员4名；实验室200平方米，通过计量认证，实验室可以对对虾WSSV、TSV及IHHSV病毒、细菌、寄生虫、水质指标等进行检查检测。近年来在对虾繁育与养殖技术推广、水产品质量安全、水产种苗检疫、湛江区域对虾病害预警预报等方面做了大量工作。

2002年，良种场获全省首个省级对虾良种场资格。还先后获评无公害基地，暨南大学、广东海洋大学产学研基地，湛江市“十佳对虾种苗场”。其实验室通过了国家计量认证。

良种场建场以来，一直致力于鱼虾种苗繁育及健康养殖技术研究及推广工作，为湛江乃至全省、全国的对虾养殖业发展作出了杰出贡献，协同主管单位——湛江市水产技术推广中心站获国家海洋创新二等奖1项,省农业技术推广二等奖1项，市科技进步一等奖2项，二等奖1项，三等奖3项，市农业技术推广一等奖1项。发展至今，形成集生产、科研、试验、示范与推广为一体的综合性示范场。经济效益与社会效益好，年可育优质南美白对虾苗5亿尾，亲虾6万对，无公害对虾150吨。

南美白对虾良种选育

严格良种选育流程

在良种选育方面，良种场建立了规范的管理制度与完善的质量监控系统，制定了对虾繁育技术规范，实施了水产品追溯制度和封闭电子监控系统。其中，所有的投入品需检测合格，并记录备案，培育出的亲虾与虾苗经湛江市水生动物防疫检疫站检测确认不携带 WSSV、TSV、和 IHHNV 三种病毒、活力好、胃肠饱满的健康种苗才出售。若在任何一环节出现问题均可从追溯系统中发现问题并对问题进行纠正，确保产品质量。

建场以来，良种场致力于对虾养殖技术研究与试验推广工作，承担了一系列科技攻关项目。该场在对虾领域所获奖项有：2002 年度《南美白对虾封闭式生态养殖试验示范》湛江市科技进步三等奖；2007 年度《南美白对虾高位池健康绿色养殖及养殖废水综合处理技术研究》湛江市科技进步三等奖；2008 年度《对虾白斑病综合防控技术研究与示范》湛江市科技进步一等奖；2010 年《对虾高位池微藻生态调控养殖技术的示范推广》广东省农业技术推广二等奖；2012 年《南美白对虾高位池健康养殖集成技术研究与推广》湛江市农业技术推广一等奖。

良种场建场以来，湛江市还只有 1 家省级对虾良种场，现在已有 16 家省级对虾良种场。一批批养殖技术骨干从湛江走向千家万户的养殖场，一期期转产转业的渔民学员走上新的养殖工作岗位，带动一大批养虾人脱贫致富。

广东省首批优质对虾良种场——

广东省省级湛海对虾良种场

成立于1993年的广东省省级湛海对虾良种场，位于湛江市东海岛东南码头东侧，隶属于湛江市东海岛东方实业有限公司。这是一家主要从事对虾种苗研究推广、海水鱼类繁育的大型水产良种场。2003年，该场被广东省海洋与渔业局审定为省级对虾良种场；2005年，该场经农业部批准建设“国家级对虾良种场”项目；2009年，该场成为国家级对虾良种场。

多年来，良种场进行优质对虾种苗与亲虾的研发、培育、生产与推广，同时也进行优质海水名贵鱼类的繁育孵化与成鱼养殖试验。良种场创立者——陈文林自1987年起从事对虾种苗工作，1993年创建良种场，同年创立湛江市东海岛东方实业有限公司，任总经理，公司法定代表人。湛江市东海岛东方实业有限公司是湛江市重点农业龙头企业，连续十八年被广东省市场监督管理局评为“守合同重信用”企业。公司通过了ISO9001质量体系认证，“新宝”牌种苗是广东省名牌产品，“新宝”牌商标为著名商标。

逐步完善基础设施

良种场注重基础设施的建设，与相关配套设施设备的完善。为了满足日益增长的科研与生产需要，该场不断扩建相应的车间，与配备提升过滤系统、蓄水系统、水处理系统与实验室等。目前，该场不仅升级了对虾选育、培育、繁殖、育苗、检测、检验等不同功能的科研与生产设施，还逐渐实现了设施设备先进、功能齐全、系统完善目标。

据悉，良种场占地100多亩，建有对虾良种选育区、幼体繁育区、小苗培育区、种虾培育区、生物饵料车间、病害与水质检验检测中心等，其中室内亲虾繁育、幼体孵化车间水体4800多立方米，对虾小苗培育水体16000多立方米，室外标准

化良种选育池 18000 立方米，良种亲虾培育池 20 多亩。该场具有年能生产良种亲虾 10 万对、生产对虾无节幼体 300 亿尾、生产良种优质虾苗 60 亿尾的能力。

加强人才队伍建设

陈文林一直强调，良种场的人才是根本。该场较为重视人才队伍的建设。他们通过吸收水产院校毕业的大学生，引进水产一线经验丰富的技术人员，同时让技术人员接受来自中国科学院南海海洋研究所与广东海洋大学等专家的培训学习，形成了理论基础扎实与实践经验丰富的的研究队伍。良种场同步加强场内一线工人的培训，经常聘请生产一线专家到良种场对员工进行技术培训，制定出各种技术方案与特定的技术操作规程，同时进行指导和技术总结，努力提高员工的各项技能技术与操作水平。据了解，良种场现有高级工程师 2 人，中级工程师 5 人，初级 9 人，技术人员 22 人。

多年来，良种场致力于水产良种的选育与推广，每年坚持不断地向养殖者提供优质良种亲本与良种虾苗。近年来，经良种场精心选育培育出的优质良种对虾亲本 10 多万对，优质良种虾苗 100 多亿尾，供应给我国不同地区的养殖需要，努力实现我国对虾养殖良种产业化。

选育推广“中科一号”

从 2003 年开始，良种场与中国科学院南海海洋研究所等单位合作，进行凡纳滨对虾良种选育项目的研究。该场于 2010 年选育出的凡纳滨对虾“中科 1 号”。该新品种获得农业部颁发水产新品种证书（GS–01–007–2010）。

据悉，该团队在2003—2004年间开始进行对虾的群体选育；2008—2012年年间进行凡纳滨对虾良种选育和扩繁；2010年，凡纳滨对虾亲品种“中科1号”应运而生。

2015—2017年，良种场主要负责对凡纳滨对虾新品种“中科1号”亲本培育的技术研究、南美白对虾新品种“中科1号”的扩繁育种技术研究、凡纳滨对虾选育新品种的杂交制种。

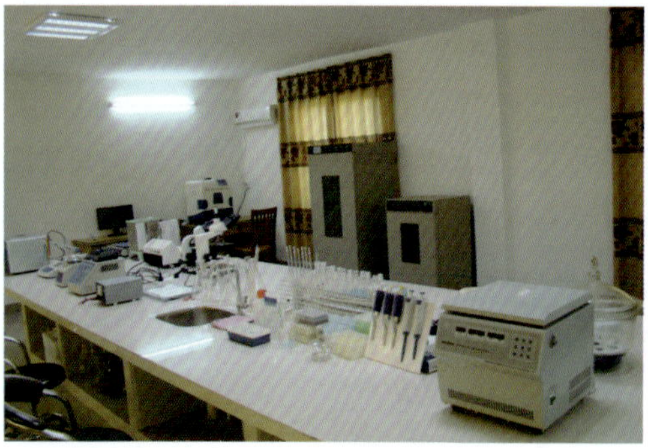

良种场取得了凡纳滨对虾选育新品种“中科1号”的研究成果后，以凡纳滨对虾“中科1号”新品种及其生长快速和盐度抗逆家系为基础，进行家系杂交育种、新品种亲本及优质苗种培育与推广。该场还继续与中国科学院南海海

洋研究所合作，发掘凡纳滨对虾的盐度、温度和碱度抗性种质及功能基因，开发抗性分子标记，建立多抗性聚合育种技术，选育高产多抗性新品种，进行抗逆良种规模化亲本培育和苗种扩繁，未来将选育出的盐度、温度和碱度抗逆新品系，进行示范推广。

总体方案如下：

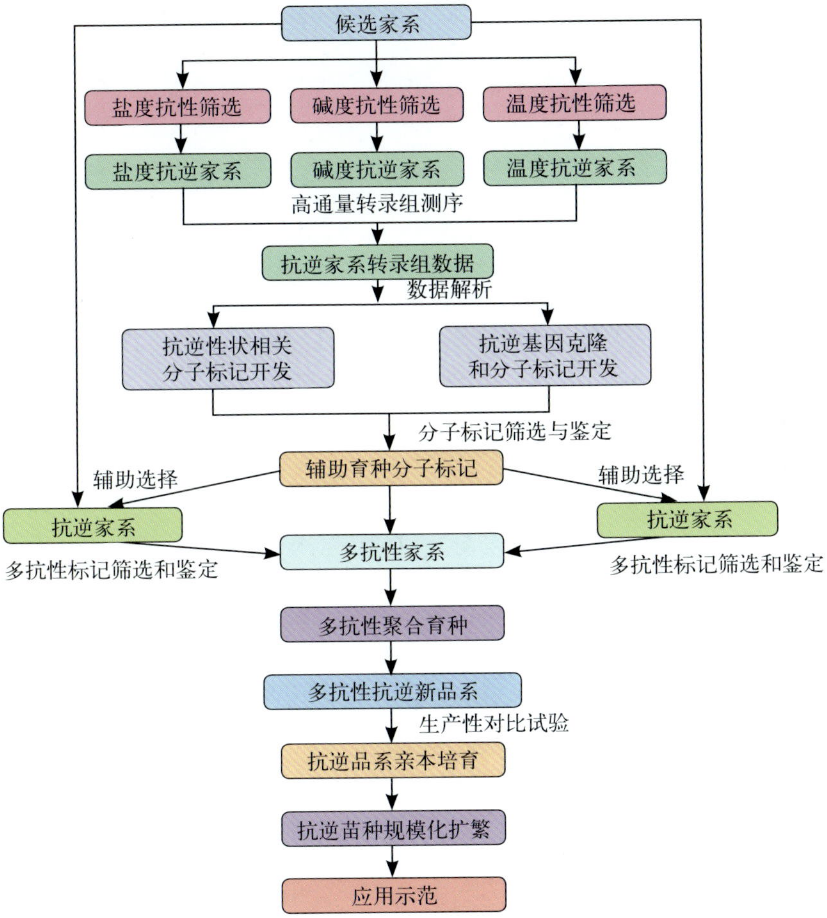

目前，良种场根据我国不同地区、不同季节的养殖气候、环境与特点，有针对性地选育推广出 3 个主打新品种，一个是具有耐低盐、高温、高碱特点，适合于南方盐碱地的咸淡水养殖；一个是具有耐低盐、低温、高碱特点，适合于北方

沿海盐碱地的咸淡水养殖；一个是具有耐高盐、低湿、高碱的特点，更适合于北方沿海盐碱滩涂及南方正常沿海海水养殖。

在继续生产南美白对虾良种选育的基础上，良种场还开展石斑鱼等名贵海水鱼类种苗生产，依托广东海洋大学进行石斑鱼等名贵海水鱼工厂化高效养殖的研究，利用现有室内育苗水体 6000 立方米，外塘 10000 平方米，进行规模化名优海水鱼类种苗培育和养殖。

最早引进和推广南美白对虾——

雷州海威省级对虾良种场

广东海威农业集团有限公司（原广东海威水产养殖有限公司）创建于 1994 年，是一家集种苗生产（良种引进和良种选育）、水产养殖（工厂化养殖和高位池养殖）、水产品加工、科研开发于一体的新型民营企业。公司固定资产投资近亿元，员工近 200 人，其中本科以上学历及中高级职称技术和管理人员占 20%。刘定是广东海威农业集团有限公司董事长，他于 1994 年靠打工省下和借来的总共 10 万元，办起了水产养殖场。经过 30 年的运作，广东海威农业集团有限公司达到了现在的规模，成为最早引进和推广南美白对虾的种苗企业之一。

2013年“凡纳滨对虾良种选育关键技术及产业化应用”项目获广东省科技一等奖；2017年“南美白对虾工业化循环水养殖示范”项目通过国家验收，该养殖模式处于国家先进水平；2017年，该公司的“广东省对虾养殖技术工程研究中心”通过省认定通过。

以质量创品牌

2008年8月，原广东省海洋与渔业局同意该公司建立省级良种场，定名为雷州海威省级对虾良种场。良种场位于广东省湛江市雷州市覃斗镇后洪村海边，面向太平洋，地理、水质环境非常优越，总占地面积50亩。2016年良种场搬迁养殖基础设施更加完善的广东省湛江市纪家镇恬神村海边，总占地面积500亩，持有《水产种苗生产许可证》和《水域滩涂养殖证》，从事水产原种生产12年，主营范围为水产种苗生产与良种选育、扩繁与推广。

公司大力发展农业现代化产业，被评定为“广东省重点农业龙头企业”“高新技术企业”“广东省省级水产良种场”“农业部水产健康养殖示范场”“国家级（在建）对虾良种场”“全国对虾种苗二十强”。公司的技术中心被认定为“广东省对虾养殖工程技术研究中心”，公司推广的凡纳滨对虾良种选育技术及产业化应用荣获“广东省科学技术一等奖”。公司生产的南美白对虾苗荣获“广东省名牌产品”称号，南美白对虾及种苗取得农业部和广东省“无公害农产品及产地”认定，是我国最大的对虾繁育企业之一。

完善基础设施

公司拥有较为完备的种苗基地。亲虾培育车间6条，总水体5000立方米；育苗池车间16条，总水体10000立方米；饵料池分为藻类培养池和卤虫孵化车间，其中藻类池16池（水体500立方米）、卤虫孵化车间面积300平方米；沉淀过滤池2个、蓄水池2个，总水体5000立方米；配备3套进水系统，亲虾生产车间用一套水处理系统，种苗车间用一套水处理系统，工厂化养殖车间用一套水处理系统，配备大型的海水处理系统，此外，还有独立的淡水处理系统，供场内的淡水使用。

公司还设有办公室、会议室、培训室、实验室、档案室、资料室等，总建筑面积3000平方米（2层），装备电子远程监控系统；职工宿舍楼2层，总面积

2500 平方米；配有电脑 6 台及 pH 计、溶解氧 / 温度测量仪、盐度计、分析天平、超净工作台、生化培养箱、高压灭菌器、恒温培养箱、超低温冰箱、高速冷冻离心机、显微镜、解剖镜、分光光度计等。亲虾选育基地 150 亩，50 多口地膜养殖池（2.5 ~ 3 亩 / 口），每口池塘配 1.5 千瓦增氧机 4 台，供水供电系统配套完善。

养殖池塘

公司生产基地可分为生产、办公、生活三个独立功能区，周围建有围墙，场区内全部硬底化，整体布局合理，道路两旁栽树种草及建筑物四周绿化，场容场貌整洁美观。良种场到主要公路全部是水泥地面，通电、通水、通邮、通路，网络通畅，便于生产经营和员工生活。

开展良种选育

该公司获得省级良种场资格后，积极开展良种良法的生产和推广，良种场每年投入研发经费占应用收入 5% 以上。2018 年以前公司以广东海洋大学为技术依托单位，采用群体选育与家系内选育相结合的方法培育新品种，具体为：在保存不同来源地进口南美白对虾群体及已养殖多代的南美白对虾群体的基础上，采用

AFLP 或 SSR 等分子生物学技术检测各群体遗传多样性现状与遗传差异；选取遗传差异显著的群体进行群体间的杂交，通过不同遗传结构南美白对虾群体的自繁及杂交繁育，建立遗传多样性丰富的选育基础群体；对于各选育基础群体，采用群体选育与家系内选育相结合的方法培育新品种，群体选育以生长速度作为选育目标，以 5% ~ 10% 的快速生长个体作为亲本进行闭锁繁育，估计每代的现实遗传力和遗传进展，家系选育以生长速度及抗逆性等多个性状作为选育目标，基于动物模型，采用复合最佳线性无偏预测法（BLUP）估计个体复合育种值，择优逐年传代；基于个体育种值及遗传多样性检测结果，设计家系杂交配种方案进行配种，采取定向交配的方法构建家系杂交组合，扩繁后代，进行生产对比养殖，将最终的最优家系分别留种；建立适合南美白对虾自身特点的育种体系，选育适合我国养殖环境的、具显著生长及抗逆优势的南美白对虾新品系，促进我国对虾养殖业的可持续发展。

2019 年，良种场与中山大学共同承担湛江市科技发展专项资金竞争性分配项目《凡纳滨对虾抗病高产新品种选育及规模化扩繁技术》，项目总投资 1500 万元，拟在 5 年内，选育高产抗病新品种 1 个。

工厂化养殖车间

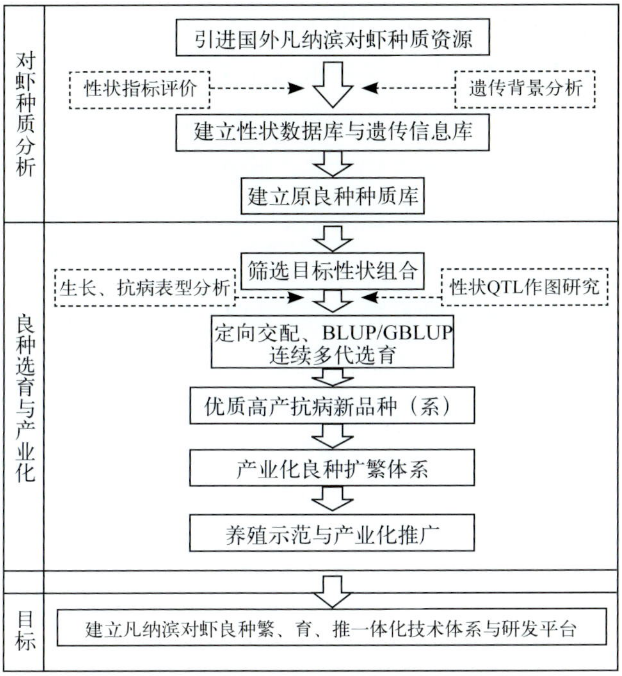

选育技术路线

良种场通过引进和保存国外的凡纳滨对虾亲本等优良品种，研究开发种质快速监测和遗传评价关键技术，鉴定亲虾种质特性，以保证繁育所用亲本的优良性技术，进行生长和遗传评价工作。具体方法如下：

（1）利用引进的凡纳滨对虾亲本等优良品种（每个品种雌雄各200尾以上），采用简化基因组测序技术，对这些品种进行遗传多样性分析（基因组SNP数目 >10000 个），筛选和保存遗传多样性丰富的个体作为育种核心群体，并构建品种DNA指纹数据库；

（2）对品种进行品种内及品种间杂交，开展生长速度、抗桃拉病能力等重要经济性状进行测试，建立各品种的性状数据库；

（3）基于各群体性状数据和遗传数据，开展基因组性状关联QTL作图研究，解析经济性状与基因组变异的关系。

该良种场还构建良种种质库，用于进一步新品种筛选。他们基于生长和遗传评价结果，淘汰部分亲虾个体后，初步筛选和保留遗传多样性丰富且优质的凡纳滨对虾个体，构建良种种质库，用于进一步新品种筛选。同时建立种质库配套硬件设备设施系统，具体包括工厂化循环水亲虾保种设施，室内种质保存系统及配套数据存储系统。以生长快和抗病（抗白斑病毒、桃拉病毒和EMS）为选育性状，结合DNA指纹图谱与QTL遗传连锁定位，筛选与目的选育性状相关的主要功能基因1批，采用BLUP（最佳线性无偏预测）和GBLUP（全基因组选择育种）双重选育方式，选育高产抗病新品种。

（1）广泛收集不同国家对虾群体，基于DNA指纹图谱和QTL方法，准确筛选生长快和抗病家系目标性状组合；

（2）采用BLUP技术，确定母虾的产卵频率、单产幼体数量以及育苗过程中的产量，准确地在家系中筛选出最佳的基因组合，使产量评估指数PROFIMAX指数（PROFIMAX=（总重量/公顷）/（天数 × 料比））达到最佳范围，精确且持续地保持种虾质量；

（3）采用GBLUP技术，对育种群体进行简化基因组或基因组重测序，估计全基因组上所有标记或单倍型的效应，从而得到基因组估计育种值，指导良种选育；

（4）基于上述BLUP和GBLUP的研究结果，通过定向交配技术建立家系，进行连续多代选育，进行生产对比养殖，将最终的最优家系分别留种，选育出1个具显著生长及抗病优势的凡纳滨对虾新品种。

规模化培育苗种

在良种选育的基础上，良种场进一步开展苗种规模化培育工作，结合对虾苗种特性，建立新型技术管理体系，包括水源消毒处理、饵料质量把控、生产流程管理、病害的生态防控等，实现苗种生产的可控生态管理，无须使用抗生素，苗种质量稳定。

良种场以筛选和培育生长快、抗病抗逆性强等优良性状的亲本和SPF种苗为工作重点，重点抓好良种引进、选育、繁育和培养等环节。每年引进的亲虾，销售的幼体、苗种、亲本等逐年增加，产值翻了几倍，利润逐年增长。

良种场通过建立制度来指导生产。良种场成立制度建设工作领导小组，由公司总经理任组长，切实加强领导，落实领导和工作责任，做到上下联动、齐抓共建。该场陆续通过了一系列规章制度，从工作到日常生活各方面都做了明确的规定。

并且良种场不定期组织员工进行制度培训，以提高员工的制度执行力。

良种场采取多种措施保障安全生产，制订相关制度并严格执行。种苗中心基地建有亲虾隔离车间，对新引进的亲虾先进行隔离培育一段时间，确保无带特定病毒后才移到亲虾培育车间培育；不使用违禁药物；养殖污水经过消毒处理后才排放等等。

为了总结育苗、亲虾生产中的经验及教训，良种场建立了《养殖档案管理制度》，生产档案专卷专柜，并专人管理；对生产各环节及时、准确、如实记录，填写记录表格；档案管理人员及时收集、汇总、保管生产记录，并按类别、时间等归类装订成册；按照生产标准要求，审核生产记录，对于存在问题及时向场长汇报，以便随时纠正；每项生产记录最少保留 2 年；应当销毁的档案应严格按操作规程执行，做好销毁记录，长期保存备查。

育苗车间

丰年虫孵化车间

优质虾苗游向全国各地——

湛江海兴农省级对虾良种场

湛江海兴农省级对虾良种场位于广东省湛江市东海岛龙海天，后迁址到徐闻县，占地面积156亩。2012年经广东省海洋与渔业局验收，确定为省级水产良种场。良种场专业从事对虾虾苗繁育，是“农业农村部水产健康养殖示范场”“中国对虾种苗20强供应基地”“湛江市十佳对虾种苗场”。2018年该场选育凡纳滨对虾亲虾达5万对，生产种苗达30多亿尾。

良种场是广东海兴农集团有限公司全资投建，隶属广东海大集团旗下，获得过广东省科学技术奖以及多项发明专利、多项虾苗行业荣誉，选育的“海兴农2号”申报通过“国家水产新品种”认定，虾苗供应辐射广东、海南、广西、福建、江浙、山东、辽宁等养殖区域。

高标准建设对虾良种场

广东海大集团副总裁，广东海兴农集团有限公司董事长江谢武是该良种场的创始人。江谢武毕业于华中农业大学特种水产专业，华南理工大学研究生学历，曾担任佛山市水产研究所副所长、湛江虾苗协会副会长、广东海洋协会副会长兼广东海洋协会海洋生物分会副会长，中国渔业协会水产种苗分会第一届理事会执行会长；有近30年的鱼虾繁育和养殖研究经验，曾获得“2012年中国水产业年度人物”“广东省科学技术奖一等奖”“广州市产业高端人才”等奖励。从业多年的江谢武目睹虾苗质量参差不齐、携带病毒、生长缓慢、抗应激能力低等严重问题对对虾产业带来的影响，他决心打造高标准的虾苗繁育企业，通过科技研发，解决虾苗繁育过程中存在的难题，为水产养殖业提供优质的对虾虾苗。

在江谢武的统筹下，海大集团投入近1000万元进行湛江海兴农省级对虾良种

良种场航拍图

场的建设，养殖场内建有家系保种车间10条，水体5000立方米；家系育苗车间2条，水体300立方米；性状车间2条，水体640平方米；配套功能区600平方米。车间内配套12000立方米蓄水池；5000立方米室内保温池；藻类二级实验室产量36吨；丰年虫车间有效水体15立方米，每天可产虫100千克。还配套建设了生产生活设施和办公楼560平方米，设有员工培训室和阅览室；配套有水质分析、病理检测、遗传分析等相关仪器设备。良种场自获得省级良种场资格后，依托原有基础设施，在良种选育、良种扩繁、良种种苗生产方面，良种场投入了大量的人力物力进行改造，先后在亲虾车间、育苗车间、亲虾培育池塘、育种测试塘、水处理系统、生物饵料培养系统、供水供电系统、生活设施等多方面进行了改造，增加了源水处理池、暗沉淀池、过滤、微滤和紫外消毒设备；改造藻类培养系统，增加二级亚克力培养车间；更换高压灭菌锅、恒温培养箱、净水设备、紫外线消毒和节能光照等设施；增强病害检测能力，新增病毒快速检测相关设备；研发使用内循环系统，减少场区用水及废水排放；对育种相关设施，选育测试大塘等硬件进行了升级改造。2018年该省级良种场复审获得通过。

家系育苗车间

依托海大集团畜牧水产研究中心强大的技术研究力量，良种场建立了高标准化凡纳滨

选育测试大塘

苗种生产设施

对虾家系选育技术流程；领先的低温、清水、益生菌生态育苗技术；全程禁止使用违禁药物；全程使用高标准、高质量的生物活饵料。良种场制订了规范的生产标准、流程包括：水处理标准和流程、亲虾培育的标准和流程、幼体孵化的标准和流程、苗种孵化的标准和流程；有一套完备的产品出场的 QC 标准（13 项商品苗出苗检测标准），确保了公司任何批次、任何场、任何车间生产的苗种都具有相同的质量；建立领先的产品质量控制可追溯体系。该良种场可实现年保种 1200 ～ 1500 个凡纳滨对虾家系，年培育优质南美白对虾亲体 5 万对、虾苗 30 多亿尾、无节幼体 60 多亿尾。

科技兴农不断创新

良种场拥有员工 50 多名，其中博士 2 名，硕士 4 人，本、专科以上学历人员 15 人，具有营养学、微生物学、遗传育种、水产养殖学等不同专业技术背景。广东海兴农集团公司更是拥有生产及科研团队接近 700 人，由具有水产养殖学、遗传育种学、病害学、生物技术、营养学等扎实技术功底的专业技术人员组成。其中博士 5 人，硕士、本科、大中专学历占员工比例的 60%。主要研究水产种苗的人工繁育研究与开发利用；水产养殖品种亲本的选育和培育；水产饵料与营养的研究与开发利用；水产养殖新模式、新技术的研究、推广与规范化；水产养殖病害及其防治与药物的研究；水产养殖信息与交流；水产养殖技术示范与培训。公司与中山大学、华中农业大学、中国海洋大学、广东海洋大学、中国科学院南海海洋研究所、中国水产科学研究院南海水产研究所等国内多所院校进行产学研合作，成果显著，完成了《广东省水产良种建设专项项目》《广东省战略新兴产业核心技术攻关专项资金项目》《凡纳滨对虾良种选育关键技术及产业化应用项目》（荣获广东省科学技术奖励一等奖)，申报通过了国家水产新品种“海兴农 2 号”，这些为良种场的发展建设和科技创新提供了有力的支持。

近年来，公司以省级良种场建设为契机，在开展遗传育种工作同时，针对对虾养殖终端遇到的困难，始终坚持质量为本，不断地进行技术研发和创新，投入大量资金优化生产工艺流程，在水处理系统、生物安全防疫、病毒及病害检测等方面不断升级优化。此外，为响应国家环保政策，公司不断探索和研发在生产中使用循环水技术，并投资对排放尾水进行了处理。

公司 2016 年南美白对虾“海兴农 2 号”保种 6600 尾，生产销售商品亲虾 10600 尾,种苗 18.20 亿尾,无节幼体 50.23 亿尾。2017 年南美白对虾“海兴农 2 号”保种 6600 尾，生产销售商品亲虾 11200 尾，种苗 22.51 亿尾，无节幼体 62.35 亿尾。2018 年南美白对虾“海兴农 2 号”保种 7200 尾，生产销售商品亲虾 13500 尾，种苗 26.35 亿尾，无节幼体 68.69 亿尾。2019 年南美白对虾“海兴农 2 号”保种 7200 尾，生产销售商品亲虾 16800 尾，种苗 30.23 亿尾，无节幼体 75.35 亿尾。2020 年南美白对虾“海兴农 2 号”保种 9000 尾,生产销售商品亲虾 22600 尾，种苗 33.56 亿尾，无节幼体 82.68 亿尾。2021 年南美白对虾“海兴农 2 号”亲本保种 16000 尾，后备亲本 60000 尾，生产销售商品亲虾 32000 尾，种苗 34 亿尾。目前在广东、海南、广西、福建、江浙、山东、辽宁等养虾主要养殖区域，“海兴农 2 号”虾苗已成为顶尖品牌，虾苗销量较大，2021 年销量超过 370 亿尾。

公司在紧抓遗传选育、优质苗种生产的同时，加大了优质虾苗的推广力度。通过在全国各地主养区开展南美白对虾大型技术交流会，在各个镇上建设海大服务站，专为经销商及养户提供实用的养殖检测及技术培训，以做到“百镇千站”为目标。同时 3000 名技术服务工程师走到乡间塘头，为每个养户制定针对性的养殖方案，最为关键的是通过产品力打造，提供养殖户最优性价比的苗种 + 饲料 + 动保，实现养殖户千元增效的目标。近几年来，技术服务工程师服务对虾养殖户 3000 多名，推广养殖面积近万亩，不断践行“科技兴农，改变中国农村现状”的使命。

不断的努力，为公司带来了口碑和荣誉。公司被评为“2015 中国南美白对虾苗口碑力榜十强企业”“2017 中国虾业最具创新力企业”“2018 中国好虾苗风云榜年度领军企业”“2019 中国好虾苗风云榜年度杰出贡献企业”。2019 年荣获广东渔业种业十大名优品种；2020 年荣获中国水产学会范蠡科学技术奖一等奖；2021 年被评为广东省渔业主导品种；2022 年获得中国水产种业育繁推一体化优势企业称号。

据悉，自从广东海大集团于 2003 年开始进入水产种苗板块，专业从事鱼虾类良种选育、苗种生产和示范推广，经过快 20 年的持续、快速发展，目前种苗板块有员工 2000 多人，形成了百容和海兴农两个水产苗种品牌，下设 100 多个苗种基地，1 万多亩育种水面，遍布全国各主养区，每年提供优质苗种 300 多亿尾，种苗品种有草鱼、鲫鱼、罗非、黄颡鱼、团头鲂；名特优种苗品种有生鱼、加州鲈、鳜鱼、罗氏沼虾、南美白对虾等。良好的养殖效果叠加专业的技术服务，让养殖户每亩得到相对行业平均水平多出 1000 元以上的收益。海大集团不断加大种苗方面科研投入，每年研发投入 3000 多万元，积极开展研发创新，自主申报并获批实用新型专利 25 项，发明专利 6 项，拥有 4 个国家水产新品种。

"海兴农 2 号"成功选育

为解决由于环境恶化、品系、选育技术落后等原因带来的虾苗质量参差不齐、携带病毒、生长缓慢、抗应激能力低等严重问题，特别是 2009 年开始普遍流行的特异性的副溶血弧菌导致的凡纳滨对虾虾苗早期死亡综合征（Early Mortality Syndrome，EMS）和急性肝胰腺坏死综合征（Acute Hepatopancreatic NecrosisSyndrome，AHPNS）问题，2010 年，广东海大集团股份有限公司与中山大学生命科学学院、中国水产科学研究院珠江水产研究所合作承担了广东省战略性新兴产业核心技术攻关专项资金——"广东主要养殖水产品种良种选育及产业化"项目，经过长期艰苦努力，成功选育出了生长速度快、抗逆性强的凡纳滨对虾新品种"海兴农 2 号"。

"海兴农 2 号"是以 2009—2011 年从美国夏威夷、佛罗里达、关岛以及新加坡等地引进的 8 批次凡纳滨对虾种虾为基础群体，以生长速度和成活率为目标性状，采用 BLUP（最佳线性无偏预测）选育技术，经连续 5 代选育而成。该新品系经 5 代家系选育生长速度较祖代 ADG 提高 21.1% 以上，较同年进口凡纳滨对虾一代虾苗生长快 6% ～ 12%、养殖成活率高 16.7% ～ 30.8%。在相同养殖条件下，与未经选育的虾苗及部分进口一代虾苗相比，100 日龄虾生长速度提高 11% 以上，成活率提高13%以上。该品种于2015年被认定为广东省高新技术产品，于2017年被第五届全国水产原种和良种审定委员会审定为水产新品种。

2009—2011年期间，海兴农从美国夏威夷海洋研究所OI、柯那湾、SIS（分为新加坡、美国迈阿密、夏威夷）、关岛引进的凡纳滨对虾亲虾共8个来源各挑选出100尾（雌雄各50尾）为基础群体，其外表无伤痕、无畸形，经PCR抽检WSSV、IHHNV、TSV、IMNV、YHV、PVNV、HPV、NHPB等呈阴性。从2011年开始，随着家系选育的进行，对虾选育世代家系养殖收获平均体重规格（100日龄收获体重）从第1代时候的11.6±2.3克，到第5代时提高到14.0±1.30克，提高2.4克，提高幅度达到20.7%，年均提高幅度超过5%，养殖成活率从第1代时候的36.1±19.1%，到第5代时提高到76.2±11.1%，提高40.1%，提高幅度达到112.1%，年均提高幅度超过22.4%，同时随着选育的进行，对虾收获体质量和养殖成活率的变异系数也呈现出不断变小的趋势，性状日趋稳定。每代选育过程中，依据综合育种值的高低，分别选育高育种值家系和平均育种值家系构建核心群和对照群体，根据对比测试的要求，分开育苗后注射荧光标记同塘混合测试，对比结果表明，2011—2015年，经过5代连续选择后，“海兴农2号”凡纳滨对虾的收获体质量的每选择一代后分别实现遗传进展7.2%、8.2%、11.2%、5.3%和7.8%，累计遗传进展为39.7%，平均每代进展7.8%。养殖成活率性状每选择一代后分别实现遗传进展2.2%、4.2%、2.7%、8.9%和7.4%，累计遗传进展为25.5%，平均每代进展5.1%。

2015年在广东湛江和海南对虾养殖区进行了“海兴农2号”虾苗的示范和推广，共投放“海兴农2号”虾苗约2800万，养殖面积约300亩，放养密度每亩6万～15万尾，养殖规格13～22克，亩产650～2350千克，养殖成活率62%～87%。2015年在广东珠三角对虾养殖区进行了“海兴农2号”虾苗示范和推广，共投放“海兴农2号”虾苗约3000万尾，养殖面积约600亩，放养密度每亩3万～6万尾，养殖规格11～21克，亩产175～455千克，养殖成活率62%～91%。2018年尽管有EMS、EHP影响，海兴农养户也取得突出的养殖效果。例如粤西地区养殖效果数据收集显示，养殖较好的客户有305户，占所有客户的71%。

中国首家对虾加工上市企业——

湛江国联省级对虾良种场

湛江国联水产开发股份有限公司成立于2001年3月8日，现已发展成一家集水产种苗、饲料、养殖生产、加工贸易和科研开发为一体的农业产业化国家重点龙头企业、高新技术企业、全国农产品加工业示范和出口示范企业。公司在国内同行率先通过IS09001、输美水产品HACCP、BRC、ACC之BAP等认证，是全球输美冻虾双反“零关税”企业、中国输美5种养殖水产品首家解禁企业、国内首家活虾直通供港企业和国内首家BAP标准ACC“三星”认证企业。2010年7月，国联公司在深圳创业板挂牌上市，实现资本化营运，是中国首家对虾加工上市企业。

2008年7月，原广东省海洋与渔业局同意该公司建立省级良种场，定名为省级国联对虾良种场。良种场位于广东省湛江市坡头区南三镇东南部（简称“南三基地”），面向太平洋，地理、水质环境非常优越，总占地面积500亩；持有《水产种苗生产许可证》和《水域滩涂养殖证》，主营范围为水产种苗生产鱼良种选育、扩繁与推广，基地通过了美国养殖认证委员会（ACC）的《全球最严谨的水产养殖规范》（BAP）认证、全球对虾样表基地认证。

工厂化养殖车间

李忠为国联水产董事长。他于20世纪80年初开始投身水产行业，2001年创办国

工厂化养殖

联水产。李忠带领国联水产抓住了中国加入 WTO 的契机，以国际化标准的对虾加工厂为起点，成功打造对虾、小龙虾、罗非鱼、深水网箱四条完整产业链。旗下工厂成为中国商检系统对外展示的水产标杆。李忠带领国联水产先后取得对美“反倾销”“反补贴”的胜利，成为中国唯一一家对美“双反”零关税企业。2010 年，国联水产上市，并成功收购美国拥有三十年历史的海鲜公司 Sunnyvale seafood 公司，开始国际化运营。

开展工厂化养殖

2008 年通过湛江国联省级对虾良种场，并于 2015 年通过省级水产良种场复审。良种场则开启了工厂化循环水养殖。工厂化循环水养殖采用全封闭和隔离技术，排除了环境及外界水质污染对养殖生产的影响，能改变传统养殖业“靠天吃饭”的局面；循环水养殖技术将养殖污水进行净化、回用，可以降低水产养殖废水对环境的潜在影响，是一种环境友好型生产方式；工厂化循环水养殖模式保持温度恒定，不受外界降温、降雨等不利天气的影响，在这样的环境中对虾生长更快、发病率更小、养殖密度更高，可有效地提高对虾产量和质量安全水平，有效保障加工原料的供给。

养殖结果表明，工厂化循环水养殖其经济效益要比当前主要的地膜池、水泥池养殖模式高 3 倍以上，且可以全年均衡生产上市，其经济效益更高。同时，工厂化循环水养殖出的商品虾为青黑色，健康、靓丽，养殖过程病害少，质量安全，更符合高档餐饮的需求，性价比更高。

工厂化养殖的南美白对虾

建立对虾科研中心

国联水产注重科研。该公司投入的南三对虾养殖基地科研中心占地面积100亩，建有2117平方米科研实验楼一栋、养殖模式探索中试车间及对虾良种选育车间各1条。科研中心实验室将建成包括“对虾种苗种质分析室、环境检测与控制实验室、药残分析室、饵料与营养实验室、病害防治实验室”等的“五室”结构，主要检测pH值、氨氮、亚硝酸盐、钙、镁、磷等水质指标以及肠孢子虫（EHP）、桃拉病毒（TSV）、白斑综合征病毒（WSSV）、传染性皮下和造血器官坏死病毒（IHHNV）、弧菌等病原微生物指标进行检测。具备广泛开展水质测定、疫病分析和遗传分析检测的能力，能满足良种选育及健康养殖模式研究的需要。

实验室

南三基地作为南美白对虾遗传育种中心及对虾健康养殖示范基地，拥有完善的基础设施（定向交配繁育车间、选育车间、标粗车间、生物饵料培养车间、供气/供电/供水/供热设备、科研中心），国联水产的科研人员对对虾行业的持续健康发展贡献自己的力量。

做好良种选育

2010—2020 年，国联对虾良种场以筛选和培育生长快、抗病抗逆性强等优良性状的亲本和 SPF 种苗为工作重点，重点抓好良种引进、选育、繁育和培养等环节，良种场培育出的“国联 1 号虾苗”以其“种质优秀，免疫速长，高产高效”的优良品质及热情的售后服务，指导和帮助养虾户创造丰厚的经济效益，深受广大客户的好评和青睐，特别是在广西壮族自治区和广东粤西养殖区域。该良种获得“广东省名牌产品”称号。“国联 1 号”虾苗业务遍布广东、广西、海南三省区，并延伸至上海、福建、浙江、江苏等省市，虾苗供不应求，并且需求量日益增加。良种场选育的“南三 1 号”亲虾也不断进行推广，受到其他虾苗场的好评。

“南三一号”虾苗

“南三一号”亲虾

“众利牌”虾苗高产高效——

遂溪县众利水产有限公司

遂溪县众利水产有限公司（以下简称“众利公司”）成立于2011年，位于湛江市遂溪县乐民镇调神村，地理位置优越，潮流畅通，水质优良。公司持有《水产种苗生产许可证》和《水域滩涂养殖证》，主营范围为对虾水产种苗生产，良种选育、扩繁与推广。众利公司现占地面积22亩，育苗水体2856立方米，亲虾水体1000立方米，配套亲虾选育塘108亩，以筛选和培育生长快、抗病抗逆性强等优良性状的亲本和SPF种苗为工作重点，抓好良种引进、选育、繁育和培养等环节，培育出的“众利牌虾苗”生长速度较常规虾苗快8%～25%，养殖90天可达50～60尾/1000克的规格，平均亩产1000千克以上。虾苗以“种质优秀，免疫速长，高产高效”的优良品质深受广大养殖户的好评。目前，众利公司年销售幼体120亿尾，销售虾苗15亿尾，除了湛江和广东沿海地区外，还远销广西、海南、福建、浙江和上海等地区。2014年被评选为对虾省级良种场。

每年投入研发经费占运营收入的5%

经过多年发展，众利公司销售收入不断上升，公司实力不断增强。公司现有技术人员14名，其中高级工程师2人，工程师3人，初级技术员9人。被评选为对虾省级良种场后，众利公司投资300余万元对繁育基地进行了升级改造，购置供水处理系统、供气系统、供热系统等生产设备及科研试验设备，推动公司良种选育向规模化、标准化发展。改造后，公司对虾选育的设施设备和监测设备达到国内先进水平，亲本保存、育苗和苗种培育设施功能分区合理，增氧、投料、水质监测和捕捞等设备齐全，运行良好，实现工厂化育苗。环保设施完备，实现节能减排，清洁生产。养殖用水净化和水处理设施设备更加完善。

众利公司与湛江市水产技术推广中心科研力量签署了技术合作协议，依托湛江市水产技术推广中心科研力量，双方就优良亲本选育技术（确立切合实际、保质保量的选育路线，重点抓好良种引进、选育、繁育和培养等关键环节，确保选育的良种抗逆性强、抗病力强、性状优良）、SPF 优质种苗繁育技术（建立室内工厂化全人工育苗环境控制技术、水体处理技术、池塘系统工程技术、饲料和饵料使用管理技术、关键检测检验技术体系，确保繁育出无特定病毒的优质幼体和虾苗）、高效健康养殖技术（实施高效、优质、安全、生态南美白对虾养殖模式及养殖用水处理技术、养殖排放水处理技术）等关键领域展开合作。

众利公司每年投入研发经费占运营收入 5% 以上，主要用于亲虾引进、选育及饲料、饵料购买、养殖试验等。未来众利公司将引进美国对虾育种公司先进选育技术到中国，从基础病原检测出发，构建基础群体，并研究不同地域对虾的遗传多样性。

建立基于 SPF 的南美白对虾工厂化育苗体系

众利公司制定了《南美白对虾良种选育技术规范》《南美白对虾虾苗生产技术规范》，在引进国外 SPF 良种亲本或国内省级（含省级）以上对虾良种场亲本的基础上，以现代育种技术选育生长快、抗病力强、适应本地环境且遗传性状稳定的良种亲虾品系。2021 年，公司投入 150 万元引入 SIS 快大系 1300 对、S1S 高抗系 400 对开展良种选育工作。在进行性原催熟、营养强化培育后，根据不同群体，建立家系，生产出虾苗经检测证实为 SPF 虾苗。虾苗培育至 5 厘米以上后，转移至 SPF 种虾池的网箱中进行培育，每个家系放养 1 万尾，每个群体建立 10 个家系，分别在 4 个养殖池中进行养殖。通过集成室内育苗环境控制技术、水体处理技术、饲料和饵料使用管理技术、系统关键检验检测技术，建立完整的基于 SPF 的南美白对虾工厂化育苗体系，确保 SPF 亲本能繁育出优良性状的 SPF 南美白对虾种苗。育苗过程不使用抗生素及其他违禁药物，禁止采用高温（不超过 32℃）培育虾苗，用浮游藻类、光合细菌和芽孢杆菌等微生物来调节水质，根据虾苗不同的发育阶段投喂不同的优质饵料，加强虾苗营养。

未来，众利公司继续进行亲虾选育研究工作，并增加抗病性选育，计划培育亲虾 1 万尾，为各苗场提供大量优质良种亲虾，建立对虾健康养殖示范基地，示范面积 100 亩。公司将以培育优良性状的亲虾、大规格 SPF 虾苗为契机，加强对养殖户的养殖技术指导、质量管理服务，带动养殖户达 1200 户。

【相关阅读：南美白对虾人工繁育技术流程】

亲虾暂养。雌、雄亲虾按 1 ∶ 1 ~ 1 ∶ 1.5 的比例分池暂养，暂养密度为 10 ~ 15 尾 / 米 ^{2}。暂养池水温与亲虾运输的水温一致或稍高 1.0℃，盐度差小于 3，光照强度控制在 500 ~ 1000 勒克斯。暂养过程中，微充气，逐渐升温，每天升温 1 ~ 2℃，最高水温不超过 30℃；适量换水和投饵。暂养时间一般 10 ~ 15 天。待亲虾的摄食和活力恢复正常后，转入培育池中进行催熟培育。

催熟培育。亲本按雌、雄比例 1 ∶ 1 ~ 1 ∶ 1.5 分池培育，密度 10 ~ 15 尾 / 米 ^{2}。切除眼柄。培育池水温 27 ~ 30℃，白天光照强度 500 ~ 1000 勒克斯，夜晚除雄虾池交配时间需开灯外，其余时间不开灯。气石充气呈微沸腾状。培育池水深 50 ~ 60 厘米。亲虾切除眼柄后 2 天内不换水，以后每天换水一次或两次，日换水量 80% ~ 120%，注入新水与原池水的温差不超过 1.0℃。每天早上用虹吸管和手抄网将残饵等污物清理出池，然后边排水边将池底清净，加入新鲜海水至原来水位，对流 15 ~ 20 分钟。投喂新鲜的沙蚕、星虫、牡蛎、鱿鱼、乌贼、蛤肉等，其中沙蚕占投饵总量的 30% 以上。每天投喂 3 ~ 5 次，日投喂量为亲虾体质量 10% ~ 25%，以亲虾摄食后略有剩余为宜。可在投喂饵料中添加少量维生素 E 和维生素 C。

交配。亲虾催熟培育 4 ~ 7 天后，每天检查亲虾性腺发育情况，性腺成熟的雌虾，从背面观，卵巢饱满，呈桔红色，质地结实，前叶伸至胃区，略呈“V”字形。

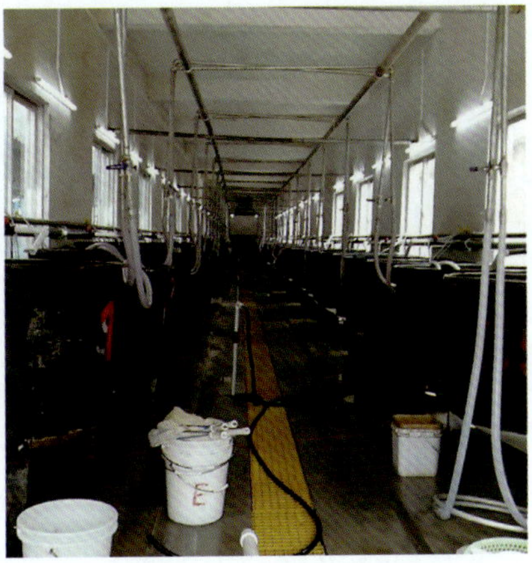

每天 10:00—15:00，把性腺成熟的雄虾挑选出，移至雄虾培育池中交配。白天光照强度 500 ～ 1000 勒克斯。夜晚打开交配池上方日光灯照射，光照强度控制在 120 ～ 250 勒克斯。

产卵。产卵泡严格消毒后，注水 1.0 ～ 1.3 米，加入乙二胺四乙酸二纳（EDTA ～ 2Na），浓度为 2 ～ 4 毫克 / 升，水温 28 ～ 30℃，光照强度 50 勒克斯以下，气石微充气，保持安静。

每天 19:30 和 23:00 左右分两次检查交配池中雄虾的交配情况，已交配的用捞网轻轻捞出，用浓度为 20 毫克 / 升的聚维酮碘溶液或 200 毫克 / 升的福尔马林溶液浸泡 1 分钟，冲洗干净后放入产卵池中，密度以 4 ～ 6 尾 / 米^3 为宜。未交配的雕虾于 00:00 前后捞出放回原雌虾培育池中。

产卵后，及时捞出亲虾放回培育池。将产卵池中的污物清除，池水中卵的密度超过 50 万粒 / 米^3，要换水洗卵，换水量 3/4 以上，加入乙二胺四乙酸二钠，使其在水中的浓度为 2 ～ 4 毫克 / 升，若池水中卵的密度小于 50 万粒 / 米^3，酌情换水或不换水。

孵化。密度 30 万～ 80 万粒 / 米^3。水温保持 28 ～ 30℃，每 1 ～ 2 小时搅动池水一次，孵化过程中及时捞出赃物，检查胚胎发育情况。孵化时间 13 ～ 15 小时。

无节幼体的收集、计数与检疫。幼体全部孵化后，用 200 目的排水器排出 2/3 左右的水，在集幼体槽中用 200 目的网箱收集幼体，除去脏物，移入 0.5 立方米的幼体桶中，微充气。取样前加大充气量，幼体分布均匀后即用 50 毫升的取样杯在幼体桶中取样计数。幼体经检疫合格后方可销售或培育。

国家水产健康养殖示范场——

广东省省级国兴对虾良种场

湛江市国兴水产科技有限公司是广东省高新技术企业（国家科技部备案）、国家水产健康养殖示范场、中国水产种业优势企业。公司年选育良种亲虾 10 万对，选育良种亲虾以 150 元 / 对计算，10 万对良种亲虾价值 1500 万元；年产 40 亿幼体，幼体以 3 元 / 万计算，可创造 120 万元产值；年生产 20 亿虾苗，以 80 元 / 万苗计算，产值 1600 万元，具有显著的经济效益。生产的虾苗分别供给江苏、河北、山东等地养虾户，推广养殖面积 8420 亩，工厂化养殖 2000 平方米；共计产量 3064 吨、产值 13073 万元、利润 7833 万元。良种场设计规模年生产 10 万对良种亲虾，相当于湛江目前进口亲虾的数量，每年可减少 6200 万人民币的进口亲虾生产成本。自主选育水产新品种“兴海 1 号”的推广应用，打破了我国对虾养殖业长期依赖进口亲虾的被动局面，提升了对虾产业竞争力，向社会提供经选育的良种亲虾和优质虾苗，促进我国对虾养殖业的可持续发展，产生巨大的社会效益。

公司现有职工 24 人，具有高级职称技术人员 6 人（其中外聘教授 5 人），占全场职工的 25%，本科以上技术人员 7 人，占全场职工的 29.2%，其他职工文化程度高中以上。配备实验员、渔医员、资料员、质检员，熟悉业务知识，掌握技术操作。

公司的技术依托单位为广东海洋大学水产学院。该学院现有教授 16 人、副教授 23 人、博士生导师 7 人、硕士生导师 24 人，教师中具有博士学位 23 人。学院有广东省水产经济动物病原生物学及流行病学省级重点实验室、农业农村部南方对虾质量安全控制实验室、农业农村部广东南美白对虾遗传育种中心、南海水产经济动物增养殖实验室等。公司与广东海洋大学水产学院签订了技术合作协议，双方将在对虾良种选育、优质虾苗繁育等多方面开展合作。

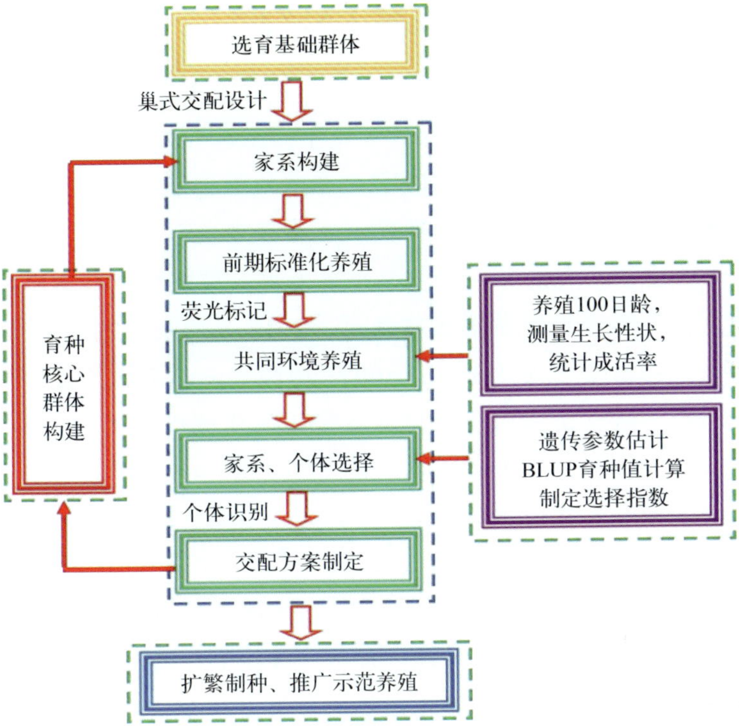

凡纳滨对虾选育技术路线图

育种车间

【相关阅读：凡纳滨对虾“兴海1号”】

凡纳滨对虾“兴海1号”是由该公司与广东海洋大学等单位联合自主研发的水产新品种，以国外引进和国内选留的多个不同来源群体为基础群体，以体质量和成活率为育种目标，采用家系选育方法和最佳线性无偏预测（BLUP）技术，历经7年培育而成。该品种具有适应性强、生长速度快、养殖成活率高、遗传性状稳定等特点，适合在我国养殖环境条件下采用多种模式进行养殖。2017年获得全国水产原、良种审定委员会审定通过，2018年农业农村部发布公告，“兴海1号”水产新品种登记号：GS-01-007-2017。广东海洋大学刘建勇教授带领的“兴海1号”选育团队到项目单位直接开展良种选育工作，具备良种选育的理论基础和选育技术。

（一）形态、生长和遗传学特性

1. 外部形态特征

身体呈半透明，体色为均一淡青色，尾扇边缘为淡蓝绿色；虾体分为头胸部和腹尾部两部分，体表覆被一层透明的甲壳，甲壳上具细小淡蓝色斑点；头胸甲前端中央突出，形成额角，其上下缘均具齿，额角基部两侧各有一具柄的复眼；额角侧沟和侧脊短，额角具1～2个腹缘齿，后齿位于背齿最前齿处或在其前。

头胸甲具肝刺及鳃角刺，肝刺明显，腹部第4～6节具背脊，尾节具中央沟，但不具缘侧刺。头部附肢依次为第一、二触角、大颚、第一、二颚；第1触角具双鞭，内鞭较外鞭纤细，长度大致相等，但皆短小（约为第1触角柄长度的1/3）；胸部附肢依次为第1～3对颚足和5对步足；第1～3对步足的上肢十分发达；具螯；第4～5对步足无螯，第5对步足具雏形外肢；腹部前5节各具1对腹足，第6节具1对尾足，与尾节形成尾扇。

2. 生殖系统

雄虾交接器位于第一游泳足，无端突，侧叶游离部分长，亚椭圆形。雌虾第14胸节腹甲无板和纳精囊，雌虾交接器第14胸节腹甲前部有一对斜锐脊，脊的中部向腹面突成锐耳，第13胸节腹甲有大的半圆形至亚方形中央突。

（二）优良性状

2017年农业部水产种质监督检验测试中心（广州）对“兴海1号”进行检测，结果如下：“样品的形态特征、细胞遗传学特征、生化遗传学特征、分子遗传学特征均符凡纳滨对虾”“对比养殖实验结果表明，在相同养殖条件下，相同的养殖时间内，“兴海 1 号”与 SIS 一代苗相比，平均体长增长 2.39%，成活率提高 15.00%；与二代苗相比，平均体长增长 12.89%，平均体质量提高 16.73%，成活率提高 12.50%，且体长和体质量的变异系数均稳定在 10% 以下”。连续 2 年中试养殖生产统计情况如下：

1. 养殖适应性强

适宜在我国沿海地区高位池虾塘、普通土塘、大棚等对虾主要养殖模式进行养殖。

2. 生长速度快、养殖成活率高

在相同培育和养殖条件下，养殖 100 日龄的南美白对虾“兴海 1 号”平均成活率为 77.8%，体质量为 14.93 克。与 SIS 一代苗相比，“兴海 1 号”平均成活率提高了 15.0%，体重无显著差异。

3. 养殖规格整齐

体质量变异系数为 8.65%，成虾规格均匀，收获期低于平均体质量的个体比例低于 10%。“兴海 1 号”被广东省农业农村厅列入“广东省 2020 年渔业主导品种”，被评为广东水产种业十大名优品种、广东水产种业特色品种。

保种车间

尾水处理系统

（三）良种选育技术路线

1. 建立家系

通过遗传多样性及配合力分析，确定育种基础群体；从基础群体中挑选个体大、性腺发育成熟、活力强的雌、雄亲虾，进行群体内或群体间自然交配，采用巢式交配设计，构建家系。

2. 标准化培育及养殖

各家系在培育及养殖过程中，要经过标准化育苗、标准化标粗以及标准化养殖（共同环境养殖）等 3 次标准化过程，其中育苗及标粗阶段，每个家系个体数量、水环境以及饵料投放和药物使用等管理措施保持一致，把家系环境差异降到最低。

3. 性状测试及选择指数计算

采用非求导约束最大似然法（MTDFREML）和动物模型 BLUP 估计选育基础群体养殖 100 日龄体质量和成活率的方差组分和遗传参数，预测加性遗传效应值（育种值），通过家系平均成活率育种值加权 40% 及家系平均体质量育种值加权 60% 计算家系或者个体的选择指数，基于选择指数的高低对家系进行排序，选取选择指数高的家系作为核心育种群体。

4. 家系选择与家系内个体选择

按照选择指数排名选择高选择指数的家系内生长快的优良个体，构建育种核心群，将对虾培育至性成熟之后进行定向交配，进入下一个家系选育世代。

5. 继代选育

采用多性状复合育种技术对核心育种群体进行闭锁繁育。每个世代建立的家系，除部分个体进行遗传评估外，每个家系按南美白对虾亲虾培育要求进行单独养殖，数量为2000尾。基于亲缘关系分析及性能测试结果，选留多性状选择指数排序前50%的家系进入下一世代的选育核心群体。

各代选留的家系，亲本选留根据体质量进行家系内选择，选择强度为10%，各家系等数留种。在选留亲本中挑选生长快的优良个体，综合考虑育种值及亲缘关系，控制近交系数小于0.05，按1雄配2雌的巢氏交配设计方式进行定向交配，大规模构建下一代全（半）同胞家系。

6. 制种

采用“四家系二级良种扩繁制种体系”进行扩繁和制种。根据选育进展，综合考虑家系间的亲缘关系、南美白对虾的生物学特点，选择核心群体中选择指数靠前且亲缘关系较远的4个家系，每个家系分别选择5～10对亲本，两两分别正反交配，构建2个混合家系。每个混合家系培育优质苗种1万尾以上，分别在室内不同池中养殖直至商品规格。

培育的亲本

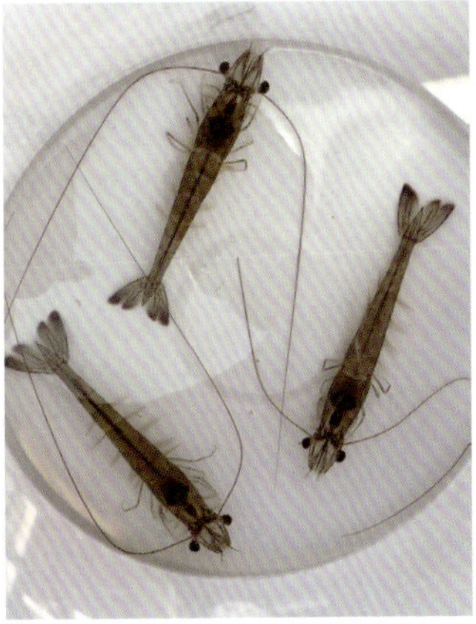

凡纳滨对虾“兴海1号”

辐射带动近万对虾养殖户——

湛江遂溪好仕达对虾良种场

湛江遂溪县好仕达实业有限公司于2011年创办，位于环境优美、水质优越的北部湾海域——遂溪县乐民镇调神村。1981年出生的黄利国自2006年回乡自主创业，从一间小作坊虾苗场开始，一步一个脚印将其打造成一家集幼体、种苗生产及销售，科研开发，饲料贸易为一体的现代化民营企业。2019年，该公司获评国家高新技术企业。

该公司虾苗生产基地为省级对虾良种场，占地150亩，公司持有土地租赁合同、《水产种苗生产许可证》《水域滩涂养殖证》均在有效期内。公司注册资金600百万元，总资产超过2000多万元，年产值2000万以上，现有员工128人，研发、技术人员30多名。公司目前在广东、广西、珠三角、福建、江苏、上海等地拥原种场1家和种苗场9家，育苗水体近2万立方米。公司拥有专业的水产研发团队和国际上先进的水处理消毒系统，从源头保证虾苗品质。

据介绍，公司生产的幼体具有易做苗、育苗成活率高的优点及虾苗具有抗病强、生长快、养殖产量高、效益好的特点，热销于广东、广西、海南、福建、江苏、浙江、上海一带，深受广大客户的广泛赞誉。

加强生产管理

公司拥有亲虾培育车间2个（面积2100平方米、水体2800立方米）、育苗车间26个（面积17800平方米、水体11500立方米）、藻类池18个（水体1800立方米）、蓄水池205立方米、过滤池180平方米及2000平方米实验办公楼3栋、标准地膜式亲虾选育与养殖试验塘75亩。配套沉淀池、砂滤池、水处理池、饲料仓库、药品仓库、水质分析与种苗质量检测实验室、生产管理用房、职工宿舍和

食堂，供电、供气、供热、供排水处理系统等设施。

公司不断加强基地的生产管理，制定了《凡纳滨对虾养殖技术规范亲本培育技术》标准、《凡纳滨对虾养殖技术规范亲虾》标准、《凡纳滨对虾养殖技术规范人工繁殖技术》标准等，公司构建了完善的质量管理体系、管理职责、养殖管理、环境保护、员工职业健康、安全和福利、人员能力和培训、动物福利、追溯体系和召回程序，提高产品质量。

提高研发水平

公司还建立了科技成果转化的组织实施与激励奖励制度，管理人员、科技人员的培养进修、职工技能培训、优秀人才引进及绩效评价奖励制度；在创新考核和奖励方面，公司建有《研发人员绩效考核与成果奖励办法》，促进科研人才的不断进步，强化研发队伍、技术队伍的建设，增强公司的科研实力。

据悉，公司拥有 1 项发明专利，即防止南美白对虾病毒害的养殖方法。通过专利技术的应用，有效提高了公司的整体效益，同时通过对养殖户推广该养殖方法，提高了养殖成功率，有效促进虾苗的生产和销售规模，也为产业链前端水产养殖提供了技术支持，较好地支撑该公司技术服务及研发方向，为其研发水平提供强有力的技术支持。

采用 SPF 工厂化育苗体系

近年来，公司与湛江市水产技术推广中心站共同申请国家级水产健康养殖示范场项目。该项目建立了基地，并在引进 SPF 良种亲本的基础上，以现代育种

技术选育生长快、具有一定抗逆能力、适应本地环境且遗传性状稳定的良种亲虾品系。

据悉，公司培育的南美白对虾苗，采用 SPF（无特定病原）凡纳滨对虾苗工厂化育苗术体系生产，通过集成室内工厂化人工育苗环境控制技术、池塘系统工程技术、无特定病原养殖用水处理和养殖循环用水处理技术、饲料和饵料使用管理技术，以及白斑综合征病毒（WSSV）、桃拉病毒（TSV）、传染性皮下与造血组织坏死病毒（IHHNV）、黄头病毒（YHV）和细菌性病原快速检测技术体系，确保 SPF 对虾亲本能繁育出 SPF 虾苗。虾苗培育过程采用生态育苗方式，用浮游藻类、光合细菌和芽孢杆菌等微生物来调节水质；根据虾苗不同的发育阶段投喂不同的优质饵料，加强虾苗营养；虾苗生产过程中禁用抗生素；禁止采用高温（不超过 32℃）培育虾苗。

2019 年度基地共繁育幼体 210 亿尾，优质虾苗 28 亿尾，产值 1798 万元；2020 年度共繁育幼体 190 亿尾，优质虾苗 30 亿尾，产值 1977 万元；2021 年度，共生产幼体 220 亿尾，虾苗 35 亿尾，产值 2000 万元。

辐射带动近万养殖户

自建场以来，公司一直注重质量。经养殖户反映，其生产的种苗与同期其他场种苗比较具有生长速度快、发病率低、成活率高及饵料系数低等优点，市场反映良好。2021 年，良种场的业务遍布了广东、广西、海南三省区，并延伸到了上海、福建、浙江、江苏等地，培育亲虾 4 万尾，业务辐射周边地区，为各苗场提供了大量的良种亲虾；生产幼体 220 亿尾，满足了 20 多家种苗场的需要；培育大规格 SPF 虾苗 30 亿尾，直接带动 600 户对虾养殖户，其中 85% 以上客户的养殖效果表明，“好仕达”虾苗生长速度较常规虾苗快 10% ～ 35%，养殖 85 天可达 50 ～ 60 尾 /1000 克的规格，平均亩产 915 千克。

据初步统计，2021 年，公司仅良种场培育的虾苗和幼体就满足了 3 万多亩养殖场的需要，促进了养殖业的增收及产品质量安全水平的提高。同时，公司以培育的优良性状亲虾、大规格虾苗为契机，积极推行“公司 + 基地 + 农户”的产业化经营模式，通过种苗补贴、饲料补贴、水质检测费用补贴、养殖技术指导、质量管理服务等多种形式，与养殖户共建的对虾出口原料养殖备案基地 6 万多亩，带动养殖户达 9156 户。

专注海洋生物育种的现代渔企——

广东金阳生物技术有限公司

广东金阳生物技术有限公司成立于 1997 年 7 月，于 2003 年首次获得广东省省级对虾良种场资格认证。良种场坐落在广东省茂名市南海半岛美丽的“中国第一滩”，是一间以海洋生物技术研究、海洋生物育种和养殖为主的现代渔业企业，拥有现代化海洋生物育苗基地 5 个，工厂化对虾繁育车间 38000 平方米；海产养殖基地面积 650 亩及“正金阳”品牌许可养殖基地 5200 多亩。年产“正金阳”海洋生物种苗 45 亿尾，水产品 5500 多吨，经营状况良好。

良种场负责人李活，是茂名市电白区人，研究生学历，高级工程师。1994 年李活 6 月回乡创业，成立广东金阳生物技术有限公司，任公司董事长、党支部书记。他长期从事海洋生物育种科研和技术推广工作，先后主持了省级以上科研项目 11 项，获得省部级以上技术奖励 7 项；申请发明专利 20 多项，获得授权发明专利 8 项。标志性成果主要有作为主要发明人发明了凡纳滨对虾“正金阳 1 号”新品种，解决企业良种受制于国外难题；与南海水产研究所联合攻克马鲅鱼的高抗选育技术，育成马鲅鱼高抗鱼苗；与广东农业科学院动科所和南海海洋研究所合作突破热带海参品种花刺海参、玉足海参人工繁育技术；为海洋养殖产业发展做出应有的贡献。

打造优势种企

公司先后获得中国水产种业育繁推一体化优势企业、全国现代渔业种业示范场、中国对虾种苗 20 强供应基地、广东省省级对虾良种场、国家高新技术企业、农业部水产健康养殖示范基地、广东省农业龙头企业、广东省菜篮子基地、电白对虾省级现代农业产业园实施主体等资质认证。由于近年来公司在科技创新，推

凡纳滨对虾工厂化繁育基地

动产业发展方面的贡献，2020 年被授予“广东省先进集体”荣誉，2021 年被省农业农村厅和广东省科技创新联盟评为“十三五”广东省二十强农业科技创新企业。

公司现拥有中高级技术人员 13 人、初级技术人员 15 人和一批大专以上学历的技术人员。该公司与中山大学、中科院南海海洋研究所、广东农科院动物研究所、水科院南海水产研究所、华南师范大学、广东海洋大学、上海海洋大学、华南农业大学、台湾群海国际研究院等建立了长期技术合作关系。先后组建了“广东省院士专家工作站”“广东省博士后创新实践基地”“广东省博士工作站”“广东省工程技术研究中心”研究平台及引进了“扬帆计划”创新创业团队，柔性引进行业高层次人才 20 多人，为企业发展提供强有力的人才支撑和智力保障。近年来承担省级以上科技项目 20 多项，获得国内领先水平成果 10 多项，获得省级以上技术奖励 8 项，其中省科技奖一等奖 1 项；申报专利 25 项，获得授权专利 13 项；发表相关论文 30 多篇；主持制订茂名市农业地方标准 2 项和企业标准 12 项；发明凡纳滨对虾“正金阳 1 号”新品种和“瓶装浓缩卵囊藻”高效调水新产品各 1 个；研发“正金阳高效环保养殖新技术”等 5 项。

海洋生物育种车间

海洋生物养殖示范基地

公司产品质量优良，市场广阔，信誉良好、知名度高；“正金阳”南美白对虾苗等3个产品获得“广东省名牌产品”称号，“正金阳”对虾被认定为“国家无公害农产品”，“正金阳”大规格对虾被认定为“广东省高新技术产品”，“正金阳”南美白对虾被认定为“广东省名特优新农产品”及电白南美白对虾区域公共品牌核心产品，凡纳滨对虾“正金阳1号”被评为“广东渔业种业十大名优品种”，“正金阳”商标被认定为“广东省著名商标”，“正金阳”品牌被评为“中国优秀品牌”。

育成新品种“正金阳1号”

“正金阳1号”虾苗是由金阳公司与南海海洋研究所联合研发的对虾新品种，于2017年获得全国原种和良种委员会审定为对虾新品种（品种登记号：GS-01-006-2017），生产技术获得“广东省科技奖一等奖和多项国家发明专利授权知识产权；获得“广东省名牌产品”和“广东省高新技术产品”等称号；该品种具有高抗逆、高抗病和快速生长能力，被评为中国养虾高手最信赖虾苗品牌，年产量48亿尾，推广养殖面积85万亩。

据悉，选育团队于2011年从国外引进的科拿湾（Kona Bay Marine Resources，KMR）和正大（Aquaculture PromotonCo.，Ltd.，APC）亲本、国内选育的“中科1号”（ZK1）和引自OI（OceanInstitute，OI）并经金阳公司自行群体选育5代的亲本，共4个不同来源的种质材料作为育种基础群，开展凡纳滨对虾“正金阳1号”的选育。

该选育项目的主要育种目标性状是选育耐低温（温度抗性）和耐低盐（盐度抗性）抗逆性状，兼顾生长速度和成活率等养殖性能性状，培育出耐低温和耐低盐，同时保持生长速度快和成活率高的抗逆新品种。凡纳滨对虾“正金阳1号”耐低温和耐低盐优势明显，生长速度快，成活率高，性状稳定，在各地推广养殖成功率高、经济效益显著。2017年11月经全国原种和良种审定委员会认定为凡纳滨对虾“正金阳1号”新品种。

凡纳滨对虾“正金阳1号”新品种，具有完全自主知识产权，打破国外良种选育技术和优质良种资源的垄断，解决对虾良种长期受制于国外的“卡脖子”难题，为我国实现对虾优良亲本国产化做出应有的贡献。

加强新品种推广应用

近年来，公司大力加强凡纳滨对虾“正金阳1号”新品种的宣传推广，通过报纸、新闻媒体、水产专业杂志、水产门户网、手机客户端、户外广告、公司网站、营销网络以及全国各地渔业技术推广站进行广泛的宣传。广东省渔业技术推总站2018年、2019年、2020年连续把凡纳滨对虾“正金阳1号”新品种做为主推品种向全国推广。

目前公司在全国各地主要养殖区域，建立营销及服务网络点22个，大力推广凡纳滨对虾“正金阳1号”新品种和配套养殖技术以及新品种技术标准和养殖技术操作规程；积极主动为养殖户提供养殖技术咨询和服务，2017年以来共开展各种形式的技术培训25次，培训养殖户2500多人；开展售后跟踪技术服务150多次，服务养殖户160多家；推广“正金阳1号”新品种养殖面积155万亩，带动广大农户养殖获得显著效益。

父子接力打造罗非鱼良种场——

高州市百联水产种苗有限公司

高州市百联水产种苗有限公司罗非鱼良种场位于广东茂名高州市石仔岭，源于1988年黎振彩创办的高州振彩鱼苗场，主要开展“四大家鱼”、淡水白鲳、塘虱等鱼类的种苗孵化；1997年，公司将种苗生产重点转移至罗非鱼，2009年，黎果子承父业，成立了高州市百联水产种苗有限公司。公司主要从事罗非鱼育种和新品种及养殖新技术的研发、推广、应用，年可育优质罗非鱼苗种达2亿尾以上。

完善良种基础设施

据了解，公司占地约300多亩，拥有保种及越冬池80亩，亲本选育池塘160亩，苗种培育池20亩；工厂化育苗车间1座，有室内循环水育苗室1个，面积160平方米，配置了完善的供电、供水、增氧、控温、水质监测系统，安装了全天候闭路电视监控系统，苗种常年生产；室外水泥育苗池16个，总面积530平方米，配置了较完善的供电、供水、增氧系统；钢管钢丝薄膜简易大棚培育车间800平方米。出苗暂养水泥池2个，总面积120平方米。公司现有2个生产基地，拥有办公综合楼、标准化亲鱼培育池、鱼苗培育标粗池、鱼苗工厂化孵化车间、循环水鱼苗标粗车间以及水质病害检测实验室、档案室等，基础设施完善。

公司还设有养殖用水净化处理池塘及其配套设施设备等养殖设备设施，养殖废水经净化处理达标再排放，保障苗种生产稳定进行。定期进行养殖用水水质监测，废水排放达到《淡水池塘养殖水排放要求》(SC/T910I–2007)；该厂区进行了生产区、管理区、生活区合理隔离，进行了绿化，标识明显，鱼塘进行了标准化、规格化改造，方格大小排列整齐，场区主干道铺了水泥地板，部分塘基已实现了砌红砖

或水泥板硬边化。水源充足，产地环境符合《无公害食品淡水养殖产地环境条件》（NY5361–2016）标准，生态环境适宜罗非鱼的生长、繁殖和遗传性状保存。

打造全市规模最大水产种苗生产企业

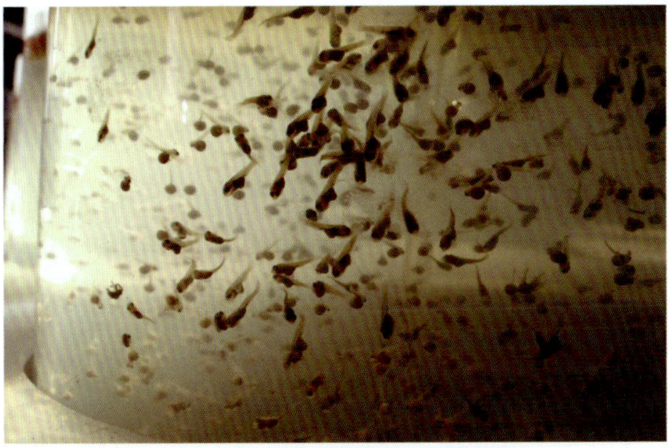

公司始终坚持“以科技为动力，以市场为导向，以农民增收为目的，不断完善和壮大企业”的发展理念，在当地政府渔业主管部门的指导、协调下，引进适合当地生产发展需求的名优品种，通过繁育、选育、筛选、保存种质资源，为茂名地区水产业储备名优品种种质资源，规范育种技术，推广良种良法，生产和供应名优品种与优质种苗。

一直以来，公司十分注重产学研合作，不断提升企业自主创新能力。近年来，公司与中国水产科学研究院珠江水产研究所、广东海洋大学、中国水产科学研究院淡水渔业研究中心合作罗非鱼良种选育项目。

经过两代人的不懈努力，黎氏父子成功实现了“五转型”——从四大家鱼转向罗非鱼主导，从孵化培苗转向育种育苗，从鱼苗供应转向良种良法示范，从个体户作坊生产转向企业品牌化运营。

黑罗

红罗

经过 30 余年的发展，百联已建设成为高州市规模最大、技术力量最雄厚的水产种苗生产企业之一，2014 年获批为高州市首家省级罗非鱼良种场。百联水产种苗公司基地通过无公害农产品产地的认定及农业部无公害农产品的认证，是农业部健康养殖示范场、2015 中国十大健康安全水产种苗品牌、广东省无公害产品基地、广东省水产品质量安全示范点、茂名市农业放心名牌产品示范基地、通过 2016 国际水产联盟（GAA）最佳水产养殖规范（BAP）认证，是 2018 年度“当代水产”年度新锐企业，年繁殖优质罗非种苗及其他水产种苗 1 亿尾以上。

“抢料王”罗非鱼苗畅销两广

公司多次从全国罗非鱼良种场、中国水产科学研究院淡水渔业研究中心科研实验基地、茂名市茂南三高渔业发展有限公司等引进良种。2019 年，公司保存罗非鱼亲本约 6 万尾、后备亲本约 15 万尾。公司对纯种罗非鱼进行选育、从 2016—2019 年间，采用群体定向选育的方法，共选育了纯种尼罗罗非鱼亲本、奥利亚纯种罗非鱼、吉富罗非鱼亲本 91 万尾。罗非鱼苗种是公司的主营收入，罗非鱼苗种销售总金额达 1850 万元，虽然近年来罗非鱼的市场价格低，但公司的罗非鱼良种销售仍呈良好态势。

2007 年，公司与中国水产科学研究院淡水渔业研究中心朱志祥研究员合作，引进了高雄性奥尼罗非鱼及吉富罗非鱼良种选育技术，制定良种选育路线和生产技术规程，规范育种生产技术，严格选育奥利亚罗非鱼和吉富罗非鱼亲本，生产新型的“抢料王”牌罗非鱼良种。2016年，公司与广东海洋大学汤保贵博士合作培育出新一代罗非鱼杂交优势种（“抢料王”牌罗非鱼），雄性率可达98%以上，优势性状比原吉富罗非鱼更加突出。

在茂名市海洋与渔业局、高州市畜牧兽医水产局的支持帮助下，公司与珠江水产研究所及广东海洋大学签订了技术依托协议，以罗非鱼为主导品种，推广应用良种良法。公司生产的“抢料王”牌罗非鱼种苗，以其雄性率高、耐寒性强、长速快、耗料少、产量高、成本低等优良经济性状深受养殖户的好评，在茂名地区乃至广东省都树立了良好的品牌信誉。2014—2019年，“抢料王”牌罗非鱼苗6亿尾，年产值202.2万元，畅销广东、广西壮族自治区（两广）罗非鱼养殖主产区。

22年专注对虾良种繁育——

茂名滨海新区新养水产有限公司

茂名滨海新区新养水产有限公司于1998年11月注册成立，位于广东省茂名市电白区电城镇马槛村委会海边3号，离大海约不到500米，有优良的天然海水资源，海水对虾苗种繁育条件得天独厚。公司于2010年被认定为广东省省级对虾良种场，是广东省较早的省级良种场企业，并于2015年、2020年通过省级良种场复审。

该公司是广东最早一批投入凡纳滨对虾选育的种企之一。其在凡纳滨对虾苗种引进与选育方面与时俱进，首先从美国不同公司引进凡纳滨对虾亲虾种群，后逐步与国内科研院所合作选育。目前，公司有凡纳滨对虾亲本一般保存量达12000尾。除了对虾，公司还拓展其他海水鱼苗育种，其石斑鱼苗、鲈鱼苗等常见海水鱼苗，销往全国各地。

"40后"投身水产，创立现代化种苗场

该公司的创始人薛长安，1947年出生，生于长于海边。薛长安从小就下海摸鱼捉虾，对海水鱼虾的喜欢与熟悉异于常人。常在海中冲浪也造就了他勇于拼搏的创新精神。高中毕业后，他任职于电白县盐场。之后他的职业从没有离开过海水。1992年，他从电白盐场停薪留职出来创业，承包了30多亩海水田挖塘进行海水鱼虾养殖，是茂名地区较早从事海水鱼虾养殖的开拓者。在薛长安领头带动之下，当地的海水池塘养殖发展迅猛，面积不断增大，对虾苗种需求量不断增加。薛长安于1996年开始斑节对虾苗种繁育，1998年薛长安的斑节对虾苗种销售量达当地苗种场最大。同年，他成立公司。

1998年，他去我国台湾参观考察渔业，发现凡纳滨对虾品种养殖生长速度快、单位面积产量高的特点，于1999年3月从台商引进凡纳滨对虾幼体300万，培育

成苗种约 240 万。经多方销售苗种，却不能销售出一条苗，也没有养殖户有养殖意向。薛长安破釜沉舟式与当地 6 个养殖户签订合同，让他们按照自己提供的技术养殖凡纳滨对虾，免费提供凡纳滨对虾苗种，养殖失败损失的资金由薛长安补偿，并且开展养殖示范推广凡纳滨对虾。当年 6 位养殖户与薛长安养殖凡纳滨对虾大获成功，并获得丰厚的经济回报。2000 年以来，薛长安繁育的凡纳滨对虾苗种供不应求。

接下来几年，凡纳滨对虾苗种场像雨后竹笋样冒出，茂名地区凡纳滨对虾苗种场达 120 多家。薛长安从 2003 年开始直接从 SIS 公司引进亲虾，保证亲虾的种质质量，并扩大苗种场的规模与生产品种，改造引进苗种场的设施设备。其中最主要的一环是引进技术合作，薛长安真诚创业态度获得中国科学院南海海洋研究所胡超群的关注。随后双方开启研究合作，进行凡纳滨对虾亲本的选育。薛长安已年届 75 岁，却还像大海一样，充满力量与激情，继续在水产道路上前行，其创办的公司也稳步向前。

专注对虾良种引进、选育与制种

据悉，该公司成立之前，以繁育中国对虾，班节对虾为主，并于 1998 年开始引进凡纳滨对虾亲虾进行繁育，是广东省最早一批进行凡纳滨对虾繁育供给养殖的苗种公司。为了保证公司的苗种质量，公司于 2003 年开始从美国 SIS 公司等公司引进凡纳滨对虾亲虾进行繁育，每年保持从美国等地引进数量足够大且优质的凡纳滨对虾亲虾种群，保持公司凡纳滨对虾亲本质量，以繁育出良种凡纳滨对虾苗种。

公司从 2004 年开始自主选育凡纳滨对虾亲虾，以中国科学院南海海洋研究所

为技术依托单位，与该所胡超群研究员及其团队合作进行深度合作选育南美白对虾亲虾，以生长速度快、抗病能力强凡纳滨对虾亲虾为目标，以引进美国SIS亲虾为种群，建立了凡纳滨对虾选育的技术路线，经过4代凡纳滨对虾群体选育，培育出凡纳滨对虾亲本约12000对，该亲本繁育的苗种经过大面积的养殖试验，具有生长速度快、规格整齐、抗病力强特点，于2007年开始大面积的推广养殖，苗种在本地占有率较高，养殖户对公司的凡纳滨对虾认可度好，公司的凡纳滨对虾苗种推广到浙江、上海等地。

2015年，公司与中国科学院南海海洋研究所进一步深度合作，引进采用国内和国外凡纳滨对虾共15个基础群体或家系，通过培育全同胞及半同胞家系进行以生长速度为主要目标性状，筛选出候选家系，经遗传分析和分子标记辅助选择出生长速度快的配套家系，利用家系配套杂交技术进行制种，培育出生长速度快的凡纳滨对虾品系应用于养殖生产。从2015年开始，以15个基础凡纳滨对虾群体，通过病毒筛查不携带病毒的凡纳滨对虾，并按照SPF种苗培育方法培育SPF群体，当个体体质量达30克以上时，每个群体以10%的快生个体约2000尾作为亲本，通过营养强化与催熟，近交系数控制在<1%，随机交配传代培育，保存于良种场，从2015年10月开始至2017年初，从15个凡纳滨对虾群体得到10个生长较快的核心繁殖群体，在此基础上开展综合指数法家系选育，家系选育阶段采用定向交尾、人工植精和全人工授精三种方法进行，繁育选育下一代凡纳滨对虾家系，再按照生长速度、抗病能力的经济指标进行组合，通过家系配套杂交选育，获得了具有生长速度快、饲料利用率高的凡纳滨对虾品系3个，这3个凡纳滨对虾品系以本公司单位简称拼音开头命名为凡纳滨对虾XK1品系、凡纳滨对虾XK2品系、

凡纳滨对虾 XK3 品系。

公司利用选育出三个品系进行杂交方法制种，通过近交系数 <1%，每个品系内选择高育种值的个体，品系是避免同源杂交、雌雄比例按 1 ∶ 1 的原则进行制种，选择强度是 1.76，根据杂交制种培育的凡纳滨对虾苗种养殖具有成如下的优点：（1）成活率高、产量高，养殖成活率比 SIS 苗提高 10% 以上，单产提高 14% 以上；（2）生长速度快，在低温越冬养殖条件下，比“中科 1 号”和 SIS 的生长速度和饲料利用率提高 10% 以上，单产提高 15% 以上；（3）规格整齐，体长变异系数稳定在 5% 以下，体质量的变异系数稳定在 10% 以下。

目前，公司有凡纳滨对虾亲本一般保存量达 12000 尾，后备亲本达 30000 尾以上，根据市场的需求量，可以大量繁殖与培育对虾无节幼体、虾苗供应给养殖户。

拓展海水鱼、藻类、贝类繁育

公司刚成立时面积约有 10 亩地，工厂化育苗有效水体约有 1500 立方米，育苗场可以进行对虾苗种繁育，但设施简陋，除了水体过滤设、增氧、加温设施外，公司一切处于起步的状态，但当时在茂名地区已是先人一步了，是茂名地区对虾育苗量最大的对虾苗种场，也是粤西地区大规模的对虾苗种场。

2000—2006 年期间，公司处于蓬勃发展阶段，公司的规模由原来的 10 亩发展到 130 多亩，发展为 2 个对虾繁育场，室内车间的建筑面积达 9000 平方米，钢筋混凝土结构和彩塑钢架结构，有亲虾培育池有 24 个，幼苗培育池有 180 个，有效育苗水体达到 11000 立方米，对虾苗种生物饵料室外水泥培育池面积达 500 平方米，凡纳滨对虾产卵高峰期 1 日可超过 1 亿粒，配套了水质处理的设备设施、中央增氧系统、水体温控系统，应急发电机组供电系统等齐备。

从 2003 年开始，公司直接从美国 SIS 等公司进口凡纳滨对虾亲本，保证亲本质量，从而保证苗种的质量。2006 年，公司持续发展完善，逐步建成场容美丽、规划有序、技术先进、设备齐全的对虾苗种繁育基地。公司 2010 年 2 月获得省级对虾良种场资格，2015 年、2020 年通过复查。

公司除了专注于对虾的选育与繁育外，还经营海水鱼、贝类、藻类等品种的繁育，如石斑鱼、卵形鲳鲹、鲈鱼、黄鳍鲷、黑鲷、红笛鲷、牡蛎、东风螺、马尾藻等品种，公司根据市场的需要，灵活繁育培育不同品种的海水鱼苗种与数量供给养殖户。

“功夫不负有心人”。该公司获得中国水产流通与加工协会的“中国对虾种苗供应20强基地”称号、农业部水产养殖健康示范场、省级水产养殖质量安全示范点。其生产的南美白对虾苗种获得广东省名牌产品、无公害产品等荣誉。与此同时，公司不断进行技术创新，取得了《水产养殖过程智能管理系统》等8个专利，《凡纳滨对虾良种选育关键技术及产业化应用》获2013年广东省科学技术奖一等奖、《优质凡纳滨对虾健康育苗与高效生态养殖示范》获2009年度茂名市科技二等奖，《凡纳滨对虾健康苗种养殖示范推广》获广东省2012年农业技术推广奖三等奖，公司还获得多项茂名市农业技术推广奖。

年繁育淡水白鲳苗逾20亿尾——

茂名茂南粤强良种繁殖有限公司

茂名市茂南粤强良种繁殖有限公司（以下简称“粤强公司”）位于茂名市茂南区公馆镇东华岭，是茂名地区知名的水产名优种苗繁育企业。公司成立于2006年，在1992年建立的茂名市茂南粤强良种繁殖试验场基础上经两次扩建而成，占地面积383亩，池塘水面面积155.8亩。粤强公司的宗旨是以当地生产实际为依据，引进适合当地生产需要的水产名优品种，依靠科技和创新进行选育和繁殖，为茂名地区渔业发展储备名优种质资源。1992年粤强公司引进了淡水白鲳、鲮鱼良种，后来还引进了四大家鱼、罗非鱼、月鳢、星洲红鱼、太阳鱼、美国胭脂鱼、鳜鱼、加州鲈、鲟鱼等水产名优品种。2013年被认定为淡水白鲳省级良种场。

粤强公司以提高淡水白鲳良种覆盖率为目标，以增加养殖户养殖生产效益为出发点，依靠优越的自然环境条件、科学的管理制度、较高的技术研究水平、先进的经营理念，致力于淡水白鲳良种选育、保种、育苗和开展良种养殖试验推广和技术培训工作，在各级农业农村部门的支持和指导下，实现了生产选育设施升级、场区环境改善、良种选育技术突破、经营管理创新，各项生产管理、管理制度日臻完善，生产规模持续增长，取得了良好的经济效益和社会效益。目前，粤强公司有淡水白鲳良种亲本2300尾，后备亲本3500尾，2021年繁育销售淡水白鲳良种鱼苗20.8亿尾，产值322.7万元，利润65.7万元。苗种主要销往省内以及广西、云南、江苏、湖北等地。

成果丰硕效益明显

在当地政府和渔业主管部门的指导下，粤强公司通过规范育种技术、推广良种良法、供应名优种苗，促进了茂名渔业发展。先后获评为农业部水产健康养殖示范场，广东省无公害水产品产地、水产养殖质量安全示范点，茂名市“放心食品名牌工程”水产品生产示范基地，产品通过无公害农品认证。近年承担了广东省水产良种体系建设“淡水白鲳良种选育”项目、“茂名市茂南区罗非鱼产业园标准化育苗示范基地建设”项目、“茂南渔业机械化示范县建设”项目，均取得了显著经济效益和社会效益。

公司在水产良种选育和养殖推广方面也取得了多项成果。“淡水白鲳人工繁殖与养殖技术的推广”项目荣获广东省农业技术推广三等奖，“淡水白鲳人工繁殖与养殖技术的初步试验”项目荣获茂名市科学技术进步三等奖，“奥尼罗非鱼的繁殖与养殖”项目获得茂名市科技进步二等奖，“罗非鱼养殖出口关键技术研究与示范”项目荣获2008年度茂南区科技进步二等奖。公司主管技术的副经理李鸿泰，1990年荣获广东省水产科学技术推广奖。

自获得省级良种场资格以来，粤强公司先后投入373万元完善升级良种选育生产基础设施。场区绿化环境得到了提升，生产主道实现硬底化，池塘实现硬边化。有较完善的水源水过滤设施，建设了养殖尾水处理设施，实现排灌分开。购置更新了一批增氧机、水泵、投饵机和检测仪器设备。现有淡水白鲳亲鱼池面积50亩、育苗池面积100亩，其中越冬保温池塘面积150亩；产卵池2个面积共150平方米，孵化环道池6个面积共100平方米，水泥育苗池面积3600平方米，保温育苗池面积2000平方米，过滤池5个面积共76平方米。并建有科研实验室、资料档案室、质量检验室、饲料仓库、药房等生产、研究配套设施。实验室能够开展水质分析、水生生物、原良种外部形态与生长等项目的测定和病害的监测工作。档案室设立生产档案、科研档案、质量档案和人事财务档案，档案由各组记录、整理后，交给档案管理员按照标准整理归档，集中档案室存放，并输入电脑保存。

淡水白鲳选育提纯

自1996年来，粤强公司与中国水产科学院淡水渔业研究中心签订了合作协议，聘请该中心的吴婷婷研究员和广东海洋大学叶富良教授作为技术顾问。技术依托单位人员和技术顾问定期到公司现场指导繁育工作，培训员工，检查技术路线、操作规程的执行情况和良种质量情况，及时解决生产出现的疑难问题。粤强公司派遣管理和技术人员到依托单位学习专业知识，跟班学习操作技能，使公司人员科技素质逐年提高，良种选育、种苗生产顺利开展。

在技术顾问和技术依托单位的指导下，粤强公司制定了淡水白鲳良种保种选育方案、选育技术路线，3个企业标准（《淡水白鲳亲鱼》《淡水白鲳鱼苗、鱼种》《淡水白鲳良种生产技术操作规程》）和生产管理与质量控制制度，严格按照生产技术路线和企业标准进行保种、选育、提纯和繁育鱼苗。

1992 年，粤强公司从中山市水产局良种场引进我国台湾繁育的淡水白鲳良种父本和母本鱼苗各一家系，每家系 500 尾，开始良种选育工作。随后又于 1996 年、2000 年、2004 年、2008 年、2012 年、2016 年进行了 6 次选育提纯，淡水白鲳的优良遗传性状得以保存，部分生长特性得到加强，繁育的淡水白鲳良种鱼苗个体均匀、生长速度快、抗病力强，与普通淡水白鲳鱼苗相比生长速度提高 15% 以上，养殖 5 个月体质量可达到 2 千克。

粤强公司高度重视淡水白鲳种质保护与外流管控。淡水白鲳良种的保种做到父本和母本家系严格隔离和分开，保种池位于偏僻处，与保种池相邻的池塘不能放养淡水白鲳。进排水经过严格过滤，保证保种的亲本不混杂，同时做好保种记录。淡水白鲳良种的父本和母本分别进行选育，选育过程相同，鱼苗到亲鱼分 4 个阶段选育，均筛选生长速度快、形态特征显著、体型体色正常、强壮无病的个体，雌、雄亲鱼总筛选率均为 16%。

【相关阅读：淡水白鲳人工繁育技术流程】

亲鱼培育越冬培育。淡水白鲳在水温 12℃时，大部分成鱼失去平衡，8℃致死，因此需经越冬培育。越冬池选用水泥壁、黏土质底的池塘，面积不限，水深 1.5 ~ 2 米，设增氧设备，预先清整消毒再放养，池中放养水葫芦、绿萍等。亲鱼放养前，鱼体用 20% 食盐溶液消毒 15 分钟，放养密度 2 ~ 3 千克 / 米^{3}为宜。培育用水最好是淡咸水，盐度在 2 ~ 9，溶氧不低于 2 毫克 / 升越冬期间要保持水温相对恒定，根据条件保持水温 20 ~ 26℃。培育期间投喂人工配合饲料，蛋白质含量不能低于 25%，日投喂量约占鱼体质量 1% ~ 3%，每隔 2 ~ 3 天还要投喂麦芽和青菜各一次，每次投喂量为体质量的 1%，饲料投喂在食台上。平时注意防治鱼病。

产前强化培育。翌年3月下旬水温稳定在16℃左右时，亲鱼越冬出池转入强化培育。培育池宜位于产卵池附近，排水方便，环境安静。每亩放养亲鱼100～150尾，此时要投喂蛋白质含量为40%以上的配合饲料，并少量投喂鲜活料，日饵率为4%～5%。亲鱼性腺发育到第IV期时，采用流水刺激的措施，每天向亲鱼池中注水2次，每次2小时，促进性腺发育成熟。为加速性腺发育，可采用药物催熟。每千克亲鱼注射LRH-A5微克，注射次数可视亲鱼性成熟程度而灵活掌握。

人工催产与自然产卵。催产季节为4月上旬至6月上旬，最适水温26～30℃。催产的亲鱼必须是体表光滑、无病无伤，雌鱼腹部卵巢清晰，生殖孔微红、微突，雄鱼挤压腹部有精液流出。催产药物一般选用PG、HCG、LRH-A、DOM等。催产剂量为：每千克雌鱼第一次注射PG 3个，第二次注射LRH-A 20微克。雄鱼为雌鱼剂量的一半。注射部位为胸鳍基部，两次注射间隔时间为7～8小时。给亲鱼注射催产药物后，放入家鱼产卵池中，并以流水刺激，让其自然产卵。水温26～30℃，效应时间为6～8小时。

孵化。将受精卵转入人工孵化环道孵化。孵化密度为10万～20万粒/米^2。由于淡水白鲳的卵吸水膨胀的幅度较大，卵的比重比四大家鱼卵大，因此孵化时，必须加大水流速，才能使卵粒在孵化器中均匀翻动，保证孵化率在90%以上。受精卵经18小时左右的孵化，幼鱼破膜而出，孵出后5～6天的幼鱼才可下塘进行培育。由于受精卵和鱼苗在孵化器中时间较长，容易受到剑水蚤的危害，而白鲳对敌百虫又非常敏感，因而孵化用水要用120目的筛绢布严格过滤。

鱼苗鱼种培育。鱼苗鱼种培育方法及池塘条件与家鱼相同，具体按照《池塘常规培育鱼苗鱼种技术规范》（SC/T1008–1994）执行。在放养前要进行彻底清塘消毒，过10天左右施肥，注水0.6～0.8米培养水质。鱼苗放养密度为5万～6万尾/亩，放养后3天，投喂蛋白质30%以上的人工配合粉末状饲料，每天每万尾鱼苗用量是0.5～1千克，以后视水质及鱼苗生长情况增减。20～30天后，当鱼苗长到3～5厘米后出池养成。

助力茂名成为“罗非鱼之都”——

茂名市三高渔业发展有限公司

三十年栉风沐雨，茂名市三高渔业发展有限公司（以下简称“三高”），从简陋的小渔场已发展成国内最大的罗非鱼种苗生产基地之一，公司与中国水产科学研究院淡水渔业研究中心合作，建立起第一个与中国工程院院士、罗非鱼首席科学家共同合作的研究团队，致力于罗非鱼产业技术体系的研究开发。

而被誉为“渔王”的农民渔工李瑞伟也成功转型为育种养殖专家，合作参与国家级、省部级和市级科研项目 40 多项，获得国家科技进步二等奖（2009 年）及省部级科技进步一二等奖 30 多项。他的罗非鱼种苗和成鱼均获评“广东省名牌产品”，带领罗非鱼养殖业积极融入农业现代化大潮，为茂名市成为“中国罗非鱼之都”作出了重要贡献。

子承父业努力钻研罗非鱼

初见李瑞伟是在 2021 年 11 月的一个上午，在他的办公室——办公楼一楼一个离鱼塘最近的房间。聊起工作，年满 60 的“渔王”还露出孩童般的热忱：“养鱼半辈子，不仅要让‘养鱼’变成令人羡慕的职业，还要让更多人了解这条鱼，爱上这条鱼。”

在李瑞伟只有 5 岁时，他的父亲李鸿泰已成为中国第一批罗非鱼养殖人，每天带着他喂鱼、抓鱼，让其伴鱼成长，终以渔为业。长大后，李瑞伟也成为茂名市水产局下属的淡水良种繁殖试验场工作的一名渔业工作者。

李瑞伟 1995 年下海，成立三高基地。“下海开始时很艰苦，从事种苗生产，关键是罗非鱼原种的引进，所以当时关于原种引进这一块，我们做出了很大的努力。”

刚成立时，三高仅逾百亩水面，主要从事罗非鱼种苗生产。李瑞伟感觉到，中国的罗非鱼一定要养良种罗非鱼。他辗转找到了中国水产科学研究院淡水渔业研究中心，当时研究中心院士夏德全从美国引进了奥本品系尼罗罗非鱼。由于这条鱼种质优良，李瑞伟也想引进。“但是在当时，我们是小小的种苗厂，他们是国家淡水中心，换句话说谈何容易。”

为了企业的发展，“去了好几次淡水渔业研究中心”的李瑞伟终于用诚心打动了时任中国淡水渔业研究中心主任徐跑，并邀请他来茂名考察，努力说明茂名养罗非鱼是最合适的地方，也是全国产量最大的地方，得到徐主任的大力支持，后来（他们）决定把这条鱼引进到三高良种繁殖基地。李瑞伟谈到，这条鱼不仅给基地带来了经济效益，也给地方带来了很明显的社会效益。

这条鱼引进以后，三高不断改良，在改良的过程中，科技人员在 1997 年引进了第二条奥本品系——奥利亚罗非鱼，经过品种改良后，与此前引进的奥本品系尼罗罗非鱼配对杂交生产，苗种投放市场，养殖户养的鱼长得快、效益好，很受欢迎，因此，三高的规模也在不断扩大，到目前为止，基地达到 2000 多亩。

为了更好地保障种鱼的优良性状，1996 年李瑞伟与淡水渔业研究中心签订了长期技术合作协议。夏德全等专家多次来茂名现场指导。2002 年，李瑞伟精心经营的养殖场被评为粤西第一家省级罗非鱼良种场。2004 年，申请获得在建国家级罗非鱼良种场资格，同年 10 月，“三高奥雄”牌奥尼鱼苗荣获广东省（农业类）名牌产品称号。

培育“超雄鱼”新鱼种

如何培育“超雄鱼”新鱼种，让鱼转性？这是李瑞伟的繁殖基地面临的一次新的挑战。

李瑞伟介绍，他购置了微卫星跟踪监控设备，请来了专家和技术人员，又长期接受广东海洋大学的实习师生到基地，还高薪聘用大学毕业生到繁殖基地工作。那些日子，他吃住都在鱼塘边，从取卵到孵化，到幼鱼苗的筛选，哪一个环节都不敢松懈。盛夏，他顶着高温在孵化车间精心呵护着鱼苗，冬天又冒着严寒为鱼苗搭铺塑料薄膜防寒冻。

经过一段时期的努力，2007 年，在“超雄鱼”研究上取得了突破。养殖基地将原先奥本尼罗罗非鱼的雄性率由 95% 提高到 99% 以上。这个科研成果为养殖户带来了可观的养殖利润。而李瑞伟也以奥本品系良种罗非鱼当年养殖尾重达 1 千克的成绩刷新了世界纪录，成为一代“渔王”。

带动村民推广养殖罗非鱼

李瑞伟公司生产的鱼苗远销全国各地及越南、缅甸等东南亚国家。多年来，他坚持采用“公司 + 基地 + 农户”的产业化发展模式，亲自走村串县，推广和普及罗非鱼养殖技术。李瑞伟说，在三高良种养殖场的带动下，附近的村民大都搞养殖。有许多村民都是先来养殖场拿鱼苗，等鱼长大卖了才来付鱼苗钱。近年来，他免费分期分批为家乡的养殖户进行技术培训。以“公司 + 农户”的方式带动了茂名 1800 多户农户养殖罗非鱼。李瑞伟说：“三高养殖场与附近村民的关系，就像鱼与水的关系，养殖场遇到生产任务重应付不过来的时候，村干部和村民会主动来帮忙。”

通过政府和李瑞伟等企业家数十年的努力，茂名罗非鱼养殖面积达 26 万亩，年产量超 30 万吨，年出口量超 10 万吨，出口额超 5 亿美元，罗非鱼养殖产量和出口量均占广东省的 1/3，茂名已成为全国最大的罗非鱼养殖优势区域和出口加工基地，是当之无愧“中国罗非鱼之都”。

扩展国内新消费渠道

当下，李瑞伟又在构想：伴随当前年轻人的生活方式的改变，半成品的罗非鱼及预制菜在国内消费市场是否将会迎来更大商机。他已经花了两年时间在中国许多城市搞调研，了解当前中国家庭消费的需求。他发现当前的三大变化，一是冷链技术已经突破；二是物流走进千家万户；三是消费群体发生改变。

目前他建成了第一个加工厂，日加工量可达 10000 千克，可消化 3500 亩鱼塘养殖产量，解决 100 多人就业。李瑞伟称，“这样的经验可以复制开去，到乡镇建几十个工厂就可以带动一个庞大的产业集群”，带动农民就近就业，带动乡村振兴。

同时，他强调，伴随大家对食品行业的要求越来越高，安全健康食品、超有机食品的市场需求越来越大，要实现养殖加工数字化、智能化，“谁养殖，谁加工，在哪个塘养的，怎么养都让顾客看到，这样建立起品牌，再将茂名的品牌推出去，除了原味鱼片，还可以带领一些食品专家开发更多风味产品”。

广东省重要斑节对虾良种场——

茂名滨海新区粤闽水产有限公司

茂名滨海新区粤闽水产有限公司由法定代表人张国外于2001年创办粤闽虾苗场基础上成立，经历由小到大、自身积累、滚雪球式发展壮大，是一家以对虾良种引进繁育为主、集研发、生产、销售与技术咨询为一体的大型水产养殖企业，是在建省级对虾良种场，主导产品为斑节对虾亲虾及虾苗。

2017年6月6日，原广东省海洋与渔业厅批准公司创建省级对虾良种场，并于2019年12月11日通过茂名市农业农村局组织的省级对虾良种场资格初验。公司占地面积123.5亩，其中亲虾选育与养殖试验塘113亩。亲本繁育车间2个共有培育繁殖水体共1600立方米，有工厂化育苗车间大小8个共有育苗水体共2550立方米，配有供水供电系统、供氧系统、控光控温系统、水质处理控制、饵料供应系统等配套设备设施以及水质、水产品和病害检验检测系统及科研仪器设备；以中国水产科学研究院南海水产研究所、广东海洋大学和广东石油化工学院为技

术依托单位，长期聘请周发林博士、刘楚吾教授、韦明肯教授等水产专家为技术顾问。

严格筛选，科学培育

近年来，公司注重引进和保存斑节对虾种质资源，对良种亲虾严格把关，每年从我国台湾引进源于美国、非洲、泰国南部等地的优良斑节对虾良种亲虾，经培育筛选后作为繁殖用亲本。

公司拥有先进科学的工艺技术，通过引进不同来源的养殖群体建立基础群体，并定期引进野生群体进行补充。经检验检疫符合良种亲本标准，按不同批次亲本隔离强化培育。在对群体遗传分析基础上，设计合理的交配方案，选取不同产区、不同批次、具有优良遗传性状的雌雄亲本进行交配，对各个群体进行传代保持及性状测试，筛选出性状优良的选择群体。针对优良选择群体分别建立同胞家系和半同胞家系，经过外观选择，如体色、体型、趋光性、活力、个体整齐度等，以及对生长速度、抗病性、饲料转化率、盐度耐受性、酸碱度、应激力等的测试比较，筛选候选家系；采用一些数学模型对候选家系目标性状进行杂交配套测试，筛选杂交配套系，对杂交配套系后代进行不同养殖环境下的养殖对比测试，选择最佳配套系。

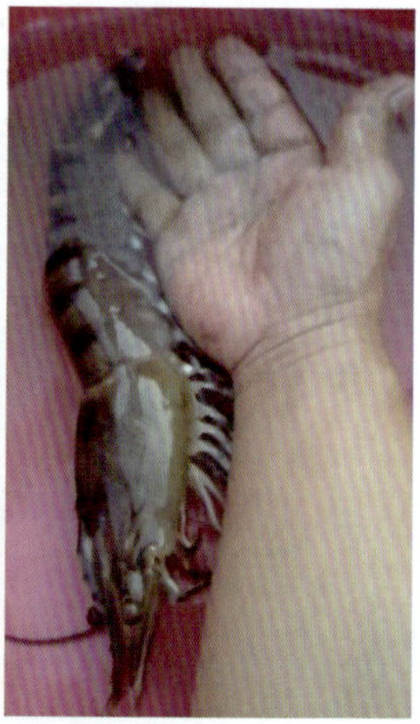

公司对于进入最佳配套系的选择群体，进行充分自由交配，扩大繁殖，依次建立曾祖代核心群体、祖代繁殖群体、父母代繁殖群体，最后得到商品亲虾。所育成的商品亲虾雌虾和雄虾规格统一，移入室内培养至雌虾体长 20 厘米以上，体质量 150 克以上，雄虾体长 18 厘米以上，体质量 130 克以上标准。利用循环水系统来进行水循环利用，使育苗过程实现全人工控制、节水节地、环境友好、高效生态；利用温度控制的办法确保优质对虾种苗常年生产，提高种苗产量；利用机械化手段加强水质监控和生产管理，提高出苗率和种苗质量。

培育良种，品质优良

多年来，公司积极配合各级渔业主管部门开展的水产品质量安全监控抽检工作，多批次产品质量抽检结果显示，培育的对虾种苗均未检出氯霉素、孔雀石绿和硝基呋喃类代谢物等有毒有害物质，产品合格率达 100%，对虾产品获得了农业部无公害农品认证。

公司推广应用表明，“斑节王”的斑节对虾亲本、幼体、种苗具有以下四大特点：(1) 最适宜在泥沙底质土塘养殖，表现出适应性强、生长速度较快、个体规格整齐的优势；(2) 养殖过程中表现出较好的抗应激能力，脱壳后恢复快、死亡率低；(3) 适合多种养殖模式，能与罗非鱼、石斑鱼混养，也能进行高密度精养；(4) 能养出大规格商品虾，肉质紧实，蛋白含量高，蒸煮后色泽红润光亮，肉质细嫩鲜美。

“斑节王”的斑节对虾具有抗病能力强、长速快、个体整齐等优势，并通过了 PCR 检测是 SPF(无特定病源)虾苗。养殖结果也表明，在水温 25℃以上、盐度 3 ~ 15 格、密度 2 万～ 5 万尾 / 亩的环境中，“斑节王”60 天长速达到 10 ~ 25 尾 / 千克，完全适应于我国热带和亚热带地区以及大陆沿海夏季养殖，有广阔的发展前景。

公司以“公司 + 农户 + 科研单位”的现代农业发展模式，加强水产养殖技术培训，推广良种良法，先后带动了 2500 多户农（渔）民养殖致富。据悉，公司和合作虾苗场年产进口一代对虾良种虾苗 15 多亿尾，除供应本省沿海地区外，还远销越南和我国广西、四川、山东、河北、福建、上海、浙江等地。

技术合作，提升质量

为进一步强化与技术依托单位的合作关系，公司积极采用共建合作实体、加速合作步伐和合作力度的方式推进了与中国水产科学研究院南海水产研究所、广东海洋大学、广东石油化工学院等单位的产学研合作。根据优势互补、利益共享的原则，建立了双边、多边产学研合作机制。

2016 年 4 月，公司与中国水产科学研究院南海水产研究所签订了技术合作协议，主要开展斑节对虾良种研发工作。自合作以来，南海所副研究员周发林经常到公司从事科研工作，同时开展技术人员和技术工人的培训，为企业自主创新提供了人才保障。多年来，双方共同承担协作，采用现代生物工程技术、分子遗传工程技术、DNA 标记辅助、家系与群体相结合技术模式、环境水质生物调控技术、亲本及种苗功能安全饲料、HACCP 体系控制种苗质量技术等综合技术手段进行对虾良种选育，技术水平高，工艺先进，品种创新能力强。

为了加强科研合作，公司与一些高校进行产学研合作。2015 年 3 月，公司与广东海洋大学签订合作协议，主要开展斑节对虾良种研发工作。自合作以来，在对虾育种、全人工繁育、集约化养殖与病害控制等方面取得了显著效果。2016 年 12 月，公司又与广东石油化工学院签订了技术合作协议，主要开展斑节对虾良种研发工作。自开展合作以来，在对虾健康育苗、尾水处理排放、集约化养殖等方面取得了显著效果。

通过这些产学研合作，公司在对虾苗的生产经营过程中，制定并强制执行对虾良种选育繁育技术路线、生产技术操作规程和产品质量标准，坚持执行各项质量及生产管理制度和售后技术跟踪服务制度，虾苗质量不断提高，在亲虾怀卵率、幼体孵化率、出苗率、养殖成活率等方面已居广东省领先地位。

自主品牌“粤隆1号”口碑好——

饶平县少华水产科技有限公司

潮州市饶平县少华水产科技有限公司，原名饶平县海山镇少华育苗场，是一家集对虾苗种培育、养殖、销售、技术研发和服务于一体的民营企业，是潮州市农业龙头企业，2019年被评为广东省级良种场。良种场创立者郑少华，从事水产养殖及苗种培育工作25年。2000年，他创办了饶平县海山镇少华育苗场。近20年来，通过实施滚动发展，不断进行技术改造升级，使育苗场规模得到扩大，生产能力得到提高。

20年建企，向良种化、规模化发展

该公司创建于2000年，坐落于饶平县海山镇，育苗场占地面积40亩，拥有办公、生活区1000平方米，育苗生产区场地19800平方米，养殖示范基地100亩。拥有现代化生产车间10座、育苗水体8000立方米，虾苗标粗池12口。培苗、育苗等

生产设备设施齐全，具备完善的供水、过滤净化系统以及无公害排水处理系统。设有仪器配置完善的生物技术实验室和质量检验检测室。公司现有员工 38 人，其中育苗技术人员占 63%；外聘技术顾问 13 人，其中具有高级技术职称 8 人，长期为良种场提供技术支持。

近年来，该公司不断完善水产种苗培育技术体系，为广大养殖户提供更优质的种苗，与全国的养殖户形成长久的合作伙伴关系。公司荣获“饶平县水产优质种苗工程技术研发中心”“潮州市农业龙头企业”“广东省守合同重信用企业”“安全生产标准化达标企业”等荣誉，获得了各级领导的认可和好评。

近 20 年来，创始人郑少华始终坚持加大科技投入，与科研机构、技术人员建立友好关系，实行产学研技术合作，努力提升自身的知识、技能和管理能力，推进了行业技术进步。该公司通过引进新技术、新良种，使育苗场技术实力得到增强、种苗质量得到提升。培育的种苗得到养殖户较高的评价，客户遍布全国沿海各地，为养殖业做出了可观的贡献，推动养殖业向良种化、规模化方向发展，取得了良好的经济和社会效益。

加强育种技术攻关

近年来公司合作引进了南美白对虾“桂海 1 号”国家水产良种，开展苗种繁育，经过中间试验和以点带面示范推广后，在粤东、闽南等地区进行大面积应用，深得广大养殖户的认可，成为“桂海1号”在粤东、闽南的良种推广单位。

公司还与中国水产科学研究院南海水产研究所、汕头大学、汕头海洋与水产研究所等院校和科研机构进行产学研技术合作，组建了一支复合技能型的研发团队，开展对虾良种选育、优质虾苗培育和良种推广应用。通过技术攻关，提高对虾成活率和良种率，实现了年度两季养殖，与传统一季养殖相比增加产量100%，实现了本地区对虾产业的技术升级，带动海山镇对虾养殖面积的效益提升。

为了加强育种，公司近年来多次举办对虾育苗和健康养殖方面的技术培训工作，培训对虾养殖人员400多人次，提高养殖人员的专业技术水平。

“粤隆1号”成活率高

近年来，公司通过引进优质亲本进行6代选育，培育出在生长、抗病和抗逆方面性状优良的公司自主品牌——南美白对虾“粤隆1号”。“粤隆1号”养殖成活率较普通南美白对虾提高10%～20%；生长速度较快，特别在早期生长速度比普通南美白对虾提高了15%～20%；耐高温特性显著提高，普遍适应华南地区的土塘和高位池等各种养殖模式。

据悉，“粤隆1号”在生长、抗病和抗逆方面性状优良。“粤隆1号”培育原始亲虾为从泰国引进原种SPF亲虾，在本公司通过人工繁育，以生长速度快、整齐程度好、健康状况佳为选育标准，经过6代选育，2018年选育出长速快、个体大、无病毒、抗逆强、遗传性状稳定的“粤隆1号”。公司不仅可以为养殖户提供大量优质苗种，同时也可以为虾苗场提供具有经济性状优良且遗传稳定良种亲虾。

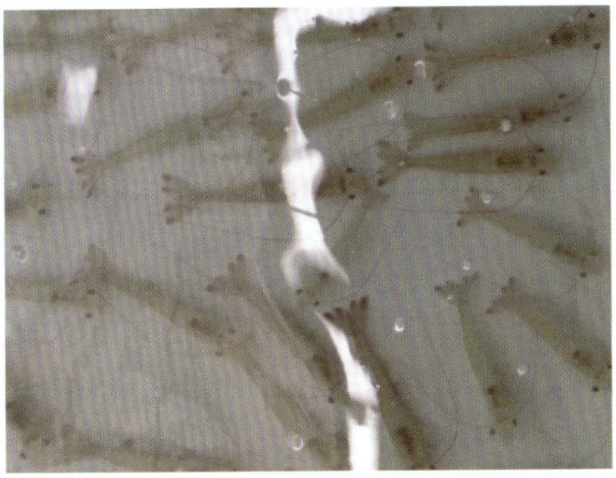

良种选育经验丰富——
饶平石鲈科鱼类省级良种场

省级饶平石鲈科鱼类良种场是广东省潮州市饶平县农业农村局属下的海水种苗培育企业，创建于1980年，2004年3月被原广东省海洋与渔业局评为省级良种场。良种场生产的品种有：花尾胡椒鲷、斜带髭鲷、石斑鱼、浅色黄姑鱼、双棘黄姑鱼、白鲈等鱼类；南美白对虾、沙虾、日本对虾等虾类；贻贝、泥蚶、花蛤、蛏子等贝类品种。现年产海水鱼苗210多万尾，选育良种鱼苗20万尾，培育花尾胡椒鲷、斜带髭鲷亲鱼3000尾，培育虾苗4亿尾，培育贝类苗种60亿颗。

良种场负责人张建生，1990年毕业于湛江水产学院，水产养殖高级工程师，从事水产种苗的人工繁育工作20多年，参与及承担完成国家、省、市、县多项科研项目，有多项科技成果获得省、市、县科技进步或农技推广奖，水产种苗生产和良种选育经验丰富。

扎实推进良种选育

良种场的企业注册资金250万元，企业现固定资产370万元。良种场占地20亩，总建筑面积2850平方米，其中室内培苗生产车间2560平方米，室内育苗水体1800立方米，室外土池3个，海上养殖网箱80格。设有水质化验室、生物观察室、饵料保种室等，生产设备比较齐备，还有16个100多亩的种苗标粗合作户。

近年来该场始终坚持“以市场为导向，以多品种开发求生存，以质量求发展，以需求为带动”的多元化经营理念，严格按照《良种操作规程》的要求，扎扎实实地开展工作，取得了较好的经济和社会效益。良种场现有职工32名，其中高级职称3名，中级职称5名，熟练技术工人12名，以南海水产研究所为技术依托单位、与福建水产研究所、汕头大学、县水产技术推广站等科研院所建立长期技术

合作关系，为本场的科研和生产提供良好的技术依托保障。

近年来，良种场根据水产养殖发展客观实际，开展无公害化健康育苗技术研究、推广与示范，特别在育苗技术、病害生物防治、良种选育等技术上取得较大突破。2004 年“主要海水养殖品种鱼类的人工繁殖和大规模种苗生产技术”项目获广东省农技推广一等奖、潮州市科技进步一等奖、潮州市农技推广一等奖；“石鲈科鱼类种苗繁育和良种选育技术”项目获 2004 年饶平县科技进步二等奖；“深海抗风浪风箱养殖技术开发”项目获 2011 年度饶平县科技进步一等奖、2013 年饶平县农技推广一等奖；“石斑鱼规模化种苗培育关键技术及产业化推广”获 2012 年广东省农技推广一等奖；“鲷鱼种苗培育关键技术及产业化示范推广”项目获 2013 年广东省农技推广二等奖；“鲻鱼类苗种繁育及产业化生产示范推广”项目获 2016 年广东省农技推广一等奖。

选育技术日趋成熟

在良种生产和管理方面，良种场选育技术日趋成熟，经验日趋丰富。

2011 年 7 月该场从海南陵水县新村蓝海洋科技养殖基地购买花尾胡椒鲷和斜带髭鲷亲鱼各 100 条进行亲鱼培育，2012 年 4 月和 2012 年 10 月筛选，分别筛选出花尾胡椒鲷和斜带髭鲷雌雄亲鱼各 5 条和本地海区筛选的亲鱼按 1 ∶ 1 的比例进行配对繁育，设立 6 个组进行子一代鱼苗标粗和养成对比试验，2015 年 4 月挑选子一代生长快，抗病力强，体质健壮的成鱼作为亲本进行配对繁育生产子二代鱼苗进行标粗和养成，2017 年 4 月二代经三次筛选已进入亲鱼培育。2018 年 4 月和 10 月挑选子二代生长快、抗病力强、体质健壮的成鱼作为亲本进行配对繁育生产子三代鱼苗进行标粗和养成，2020 年 4 月三代经二次筛选已进入成鱼培育阶段。

斜带髭鲷（Hapalogenys nitens）属鲈形目，石鲈科，髭鲷属，俗称包公鱼、打铁鱼，具有抗病能力强、病害少、成活率高、生长快等优点，且其肉质细嫩，味道鲜美，营养丰富。适宜水温为 8 ～ 35℃，最适水温为 22 ～ 28℃，适宜盐度为 5 ～ 39，最适盐度为 26 ～ 32，斜带髭鲷的肌肉为营养全面的优质蛋白源，是人类理想的保健食品。

花尾胡椒鲷（Plectorhinchus cinctus）是石鲈科、胡椒鲷属鱼类花，体色艳丽，体态优美，是观赏鱼类。其肉质细嫩是海产食用鱼类之一。属广温、广盐和杂食性鱼类，加之生长迅速，养殖一年，即可达商品鱼规格，且全年均可捕获。已成为中国沿海一带的重要海水养殖对象，尤其以广东、福建养殖规模较大。

坚持良种、良法、绿色发展——

饶平县晟源水产育苗场

饶平县晟源水产育苗场成立于2007年，位于饶平县海山镇东港管区后江湾。东港后江湾属亚热带海洋性气候，长年气候温和，水温和水质较稳定，区域内海水水质优良，工农业污染少，适合于水产苗种培育。育苗场始终坚持“以市场为导向，以品种开发求发展，以质量求生存，以项目为带动”的多元化经营理念开展水产育苗工作，注重基础设施建设、良种选育、生产经营管理、环境保护，有效推进了饶平县渔业产业走向良种、良法、绿色健康的发展之路，取得了较好的经济和社会效益。2015年晟源水产育苗场被评为斑节对虾省级良种场。

晟源水产育苗场负责人张汤生自20世纪80年代起便从事水产繁育工作，积累了丰富的技术经验。育苗场建场以来，培育过的品种涵盖长毛对虾、中国对虾、

墨吉对虾、日本对虾、南美白对虾、斑节对虾、非洲产草虾等。育苗场现年产海水虾苗 4.6 亿尾，种苗主要销往广东、福建、浙江、江苏、河北等地区。2019 年，育苗场培育良种斑节对虾“南海 1 号”亲虾 6300 对，培育良种对虾苗 3.15 亿尾。

坚持绿色繁育养殖

晟源水产育苗场占地104亩，包括A、B、C三个区，建设有完善的水产繁育设施，其中育苗车间 3 栋，配备亲虾池、产卵池、虾苗孵化池、幼体培育池、室外仔虾培养池、虾苗标粗池、生物饲料培养池等功能池。近年来，育苗场投入 84 万元建设室外良种培育土池 3 个，总面积共 20 亩，其中两个池塘作为良种亲虾培育，一个池塘作为生物处理水用池。目前育苗场繁育总面积 79400 平方米，良种亲虾暂育池 9400 平方米，产卵池 2000 平方米，幼体培育池 68000 平方米。此外育苗场还设有饲料房、药品房、实验室、档案室、仓库、饵料保种室等各 1 间，生产设施齐备。

培育池

育苗场高度重视生态养殖建设，做到养殖用水排放达到环保排放要求，育苗生产用水用药严格执行《无公害食品渔用药物使用准则》（NY5071–2002）、《无公害食品海水养殖用水水质》（NY5052–2001）标准，坚持不用药，实现绿色养殖。养殖用水通过抽取沙滤井海水经紫外线消毒后再经蛋白质分离器分离进入培苗池培苗。培苗污水进入三级污水净化处理池进行净化，第一级用漂白粉处理和沉淀后进入第二级处理曝气，第三级用活菌微生物净水剂和藻类处理净化水质处理后进行排放或循环利用。为利用生物活菌处理养殖用水，育苗场建设 0.5 吨级生物活菌培养灌 2 个，在养殖培育良种过程中，严格采用生物活菌，不投放抗菌药物，既保证良种亲虾质量，又保证养殖肥水零排放，保护生态环境。

养殖培训

团队技术过硬

2015 年，育苗场与南海水产研究所签订技术依托合同，聘请南海水产研究所为技术依托单位，为育苗场提供对虾选育技术指导，制定对虾选育和种苗生产技术规程、良种选育技术路线、病害防治技术、生化研究技术和质量监测技术，提高良种选育技术和种苗生产技术水平。同时与汕头大学、饶平县水产技术推广站等科研院所建立长期技术合作关系，通过技术培训、技术服务为育苗场科研和生产提供良好的技术依托保障。育苗场经过多年培养，建立起了技术过硬的繁育团队，育苗场现有职工 26 名，其中有高级职称 4 名，中级职称 1 名。聘任水产养殖高级工程师张尚忠、陈兴强、高级畜牧师刘思扬为常年技术顾问、水产养殖高级工程师林肃坚为驻场专职技术指导，同时成立了以张尚忠为组长，陈兴强为副组长的

5人育苗科研组。

育苗场重视斑节对虾的科研工作，参与完成了斑节对虾耐氨氮和淡水应激性状的遗传参数估计试验。在这个科研试验中，育苗场与中国水产科学研究院南海水产研究所深圳试验基地等科研部门合作，以“南海1号”和非洲品系亲虾为材料，利用定向交尾技术建立斑节对虾全同胞（半同胞）家系，分别以高氨氮和淡水胁迫致死时间为衡量指标，采用方差分析法估计了斑节对虾氨氮耐受性和淡水应激性状的遗传参数。此次试验是首次对斑节对虾抗逆性转进行遗传评估，试验研究成果已于2019年发表，为斑节对虾抗逆良种选育提供了理论基础。

虾苗

亲本

“南海1号”推广效益好

斑节对虾是养殖对虾中体型最大、经济价值较高的品种，也是我国南方传统养殖对虾种类之一，在半咸淡水或海水、淡水资源丰富的对虾养殖区都适合养殖，特别适合大规格虾养殖。“南海1号”是由中国水产科学研究院南海水产研究所选育的斑节对虾新品种，以我国海南三亚、临高、文昌和泰国普吉岛4个野生群体为基础群体，通过群体选育方式，经过连续5代选育而成，有比较明显的抗逆优势、生长速度较快。在养殖过程中“南海1号”总体发病率较低，养殖成活率比普通斑节对虾平均提高10%以上。“南海1号”适合于我国沿海半咸淡水或海水淡水资源丰富的地区养殖，其中广东、广西、海南三省区可养殖两茬以上，而福建至辽宁各省沿海地区可以养殖一茬，由于其是热带亚热带虾种，养殖适宜生长水温在 25℃以上。

从 2016 年起，育苗场从南海水产研究所引进斑节对虾“南海 1 号”良种虾苗进行培育，养成至种虾规格，繁育下一代虾苗并进行自养及推广养殖。经过多年的繁育及推广，其后代生长快、抗病力强、环境适应性好的良种优势在养虾户标粗和养殖成品虾的过程已明显表现出来，育苗场斑节对虾良种的育苗和销售量逐年增加。

“南海 1 号”亲本的培育经过亲虾监测、分雌雄培育、育苗亲本筛选等技术路线，获得供应种苗繁育场的对虾亲本。良种种苗培育到 40 ～ 50 克进行选育、分雌雄培育时，由南海研究所技术人员指导选育和检疫。培育到 90 ～ 100 克进行亲本筛选、配对繁育时，由南海研究所指导人员指导筛选、繁育、检疫，保证出池苗种健康质优。亲虾越冬在室内进行，温度保持在 25 ～ 27℃，并适当配以 1/4 或 1/3 的雄虾，其暂养密度以 3 ～ 5 尾 / 米^3 为宜，条件好的可放到 10 ～ 20 尾 / 米^3。

育苗场以“南海 1 号”良种亲虾进行人工繁殖，生产出优质受精卵。亲虾经过亲虾培育池、藻种扩大培养池、轮虫培育池、卤虫冬卵孵化池、单细胞藻培养池进行产卵孵化，繁育出无节幼体、蚤状幼体、糠虾、仔虾，最终形成虾苗出池计数，与养殖户合作进行苗种标粗，收益按比例分成，选育出良种虾苗供网箱养殖户养殖。育苗场同时指导养殖户进行良种虾种的选育，选育出的亲虾归良种场作为亲本进行繁殖或供其他繁殖场作亲本，使大规模的良种选育成为可能。通过严格培育和挑选，4 年来共获得良种亲虾 3.5 万对，其中 2.5 万对亲虾用于本良种场育苗生产，1 万对亲虾出售给其他育苗场，产出良种虾苗 12.15 亿尾，总产值 2800 万元。

育苗场坚持以服务渔业、培育健康苗种理念，在南海水产研究所等科研单位的技术支持下开展无公害水产苗种培育，目前已经形成了完善的斑节对虾良种生产技术操作规程、斑节对虾良种亲本质量标准、斑节对虾良种虾苗质量标准等企业技术标准，为繁育斑节对虾提供了有力支撑。

打造现代化鳜良种体系——

清远清新区宇顺农牧渔业科技服务有限公司

清远市清新区宇顺农牧渔业科技服务有限公司始建于2004年，是一个专门从事渔业研发，以品种选育、苗种生产和水产养殖为主的市级农业龙头企业。公司成立以来，先后获批成为农业部水产健康养殖示范场、广东省鳜鱼水产良种场、广东省桂花鱼标准化养殖示范基地和广东省鱼类病害防控基地，国家现代农业产业技术体系品种培育与高效养殖示范基地。

公司的养殖基地共1500多亩，其中鱼塘养殖水面占1250亩，鱼苗孵化池占7000多平方米。种鱼10多万千克，每年可向社会提供种鱼70000多对，其中新品种鳜鱼亲本20000对，其他品种50000多对；每年可生产优质鱼苗250亿尾，其中鳜鱼苗1亿尾以上，鲮鱼苗200亿尾，草鱼等四大家鱼鱼苗50亿尾，年产鳜鱼成鱼100多吨。

公司现有水产养殖的职工 30 人，其中：高级职称 2 人，中级职称 2 人，中级以上职称占职工总人数 13%，初级职称 6 人，占职工总人数 20%，技术工人 13 人，占职工总数 43%。基地现配套有办公室、实验室、质检室、资料档案室和生产技术室等，具备常规鱼病检测以及水质分析能力。

公司确立了“以科技为动力，以良种良法为依据，以质量安全为目标，以服务农户为己任”的发展宗旨，致力于开发渔业生态高效养殖技术，推广良种良法，努力打造现代化渔业苗种繁育与健康养殖基地。该公司建立以来，就将草塘养殖基地作为服务当地渔业发展的种业基地，确立以鳜鱼为主导品种，充分利用基地良好地理环境优势，改造升级孵化育苗养殖基础设施。

公司长期以中国水产科学研究院珠江水产研究所等科研院校为技术依托单位，致力于鳜鱼新品种培育与健康养殖。公司是中国水产科学研究院鳜鲈基因组与选择技术创新团队合作研发基地，国家大宗淡水鱼类产业技术体系高效养殖示范基地，广东省渔业技术推广总站试验示范基地。

公司充分发挥养殖基地技术与良种优势，为周边养殖户开展全方位技术服务，带动鳜鱼健康养殖产业的发展。其中微电－生物膜鱼塘养殖水处理技术达到国内先进水平，《鳜鱼生态繁育技术》已获国家发明专利；《人工水草在鳜鱼养殖的研究与应用》获市科技创新二等奖；2013 年《微电生态水处理技术在鳜鱼养殖中的应用》获广东省农业技术推广奖三等奖；2015 年《鳜鱼全生态繁养技术体系构建与应用》获中国水产科学院科技进步奖二等奖；2015 年《微电生态水处理技术在鳜鱼养殖中的应用》获广东省农业技术推广奖三等奖；2018 年《鳜鱼机械化循环水育苗示范场建设及应用》获广东省农业技术推广奖三等奖；《鳜鱼优良品种培育与健康生态养殖技术推广应用》获 2018 年度广东省农业技术推广奖一等奖。在

“广清 1 号”优质苗种示范推广的同时，公司还建立配套鳜鱼健康生态养殖技术并进行示范与应用推广，有效地维持养殖过程水体生态环境的稳定、养殖过程少用药甚至不用药，实现鳜鱼养殖的高产稳产与农民增收，保证了养殖产品质量安全。近年来采用全生态技术养殖的宇顺桂花鱼 2017 年获广东省名特优新农产品称号，2018 年度获广东省名特优水产品称号；2018 年公司被评为中国鳜鱼产业最具创新力企业；2019 年被评为“2019 中国优秀鳜鱼种苗企业”。

【相关阅读】

翘嘴鳜“华康 1 号”

公司与华中农业大学等单位共同选育的新品种翘嘴鳜“华康 1 号”通过国家原种和良种审定委员会审定（品种登记号：GS-01-001-2014），2017 年、2019 年、2020 年评定为广东省水产主推新品种。

翘嘴鳜“华康 1 号”，2005 年从江西鄱阳湖、湖南洞庭湖和湖北长江中游挑选体型标准、健康无病、体重大于 0.75 千克的野生翘嘴鳜 1800 尾（雌雄各半），构建基础群体，保存在广东省清远市清新县宇顺农牧渔业科技服务有限公司养殖基地。

翘嘴鳜“华康 1 号”生长速度快，个体间差异小，历年的小试和中试结果表明翘嘴鳜“华康 1 号”在同等养殖条件下相比普通养殖翘嘴鳜生长速度提高了 18.54% 以上。经过 5 个连续世代选育，翘嘴鳜“华康 1 号”依然保持较高的遗传多样性，4 个种间特异位点检测结果表明翘嘴鳜“华康 1 号”剔除了天然杂交渐渗产生的大眼鳜遗传物质，从而在遗传组成上得到了纯化。

2011 年在广东省清远市清新区宇顺农牧渔业科技服务有限公司共计培育出翘嘴鳜“华康 1 号”苗种 2000 万尾，其中 50 万苗种在公司基地进行商品鱼养殖。经过一年的养殖对比试验，相比同等条件下养殖的普通翘嘴鳜，依据总产量翘嘴鳜“华康 1 号”其生长速度提高了 18.54%。2012 年在武汉市佳恒水产有限公司共计培育出翘嘴鳜“华康 1 号”苗种 450 万尾，其中 120 万苗种在该公司基地进行商品鱼养殖，经过一年的养殖对比试验，相比同等条件下养殖的普通翘嘴鳜，依据总产量翘嘴鳜“华康 1 号”其生长速度提高了 20.11%。2013 年在洪湖市长河水产开发有限公司共计培育出翘嘴鳜“华康 1 号”苗种 500 万尾。其中 60 万苗种在公司基地进行商品鱼养殖，经过一年的养殖对比试验，相比同等条件下养殖的普通翘嘴鳜，依据总产量翘嘴鳜“华康1号”生长速度提高了19.27%。

“华康1号”亲鱼

“华康1号”成鱼

翘嘴鳜“华康1号”养殖技术要点与普通翘嘴鳜养殖技术基本一致，需特别注意的是：(1) 同塘放养的鱼苗应是同一批次孵化的鱼苗，以保证鱼苗规格比较整齐；(2) 培苗过程中应及时拉网分筛、分级饲养，特别是南方地区，放苗密度高，需要过筛的次数也多；(3) 定时、定量投喂，保证供给足够的饵料，以保证全部鱼苗均能饱食，均匀生长，减少自相残杀，提高成活率；(4) 高密度的成鱼池塘养殖需配备增氧机，应采用分批上市，捕大留小，提高养殖效益；(5) 与其他品种混养，放养时的主养品种规格要大于翘嘴鳜规格3倍以上。适宜全国范围内淡水池塘养殖和网箱养殖。

翘嘴鳜“广清1号”

公司与中国水产科学研究院珠江水产研究所叶星所带领的育种团队合作共同选育的新品种翘嘴鳜“广清1号”通过国家原种和良种审定委员会审定(品种登记号：GS-01-003-2021)，2020年评定为广东省水产主推新品种。

“广清1号”选育

翘嘴鳜“广清1号”，从引进的安徽秋浦河翘嘴鳜秋浦花鳜原种群体、湖南洞庭湖翘嘴鳜原种群体以及清远市清新区宇顺农牧渔业科技服务有限公司保种的翘嘴鳜广东养殖群体中，各培养挑选1000尾，共3000尾（雌雄各半）用于选育。

以生长速度及成活率为目标性状，通过群体选育与家系选育，经连续4代选育而成的“广清1号”显示出明显生长优势及较强抗性，快长、成活率高且均匀度好。在相同养殖环境及管理条件下，比普通养殖翘嘴鳜生长速度平均提高21.8%，成活率平均提高14.3%，深受各地养殖户的欢迎。适宜在全国各地人工可控的淡水水体中养殖。

养殖翘嘴鳜“广清1号”，生长速度快，可以早上市半个月到1个月，成活率达80%以上。产量相比其他鳜鱼品种提高15%以上。如1亩投放鳜鱼3500尾，养殖5个月，亩产可以达到2250千克，利润率25%以上。“广清1号”以其强大的产量优势征服了养殖户，受到养殖户的好评，苗种供不应求。

翘嘴鳜“广清1号”优质苗种与健康生态养殖技术在广东省清远市、佛山市、江门市和惠州市等地及江苏、安徽、湖北与湖南等鳜鱼主养区进行养殖示范与推广应用，经中试与养殖户塘头实地收获数据统计，“广清1号”显示出明显的生长优势及较强抗性，生长速度、存活率与均匀度均显著高于未选育群体。其生长速度比非选育群体提高21.8%；存活率提高14.3%。同时“广清1号”在个体均匀度方面具有明显优势，均匀度极高，经4～4.5个月的养殖，达上市规格的个体比例高于99%（即0.4千克以上的个体，生产上俗称“标鳜”），“广清1号”由于其优良的生长性状而深受省内外养殖户的欢迎，苗种供不应求。适宜在全国各地人工可控的淡水水体中养殖。

“广清1号”亲鱼

“广清1号”鱼苗

淡水白鲳苗种供不应求——

普宁市鱼苗养殖场

普宁市鱼苗养殖场位于普宁市新岗村，成立于1958年，是一家以繁殖、培育、经营鱼苗为主和科学养殖推广相结合的苗种场。普宁市鱼苗养殖场自成立起便致力于水产繁育研究实践，有着丰富的水产人工繁育经验。1959年养殖场鲢、鳙人工繁殖成功，获广东省鱼苗人工孵化一等奖；1963年养殖场草鱼、鲮鱼人工繁育成功；1969年鲮鱼、草鱼杂交繁殖成功。除繁育四大家鱼外，还在粤东地区率先引进了淡水白鲳、建鲤、丰鲤、彭泽鲫、奥尼罗非鱼和亲本进行繁殖、培育。2013年4月，普宁市鱼苗养殖场被评选为淡水白鲳省级良种场。

繁育技术力量雄厚

普宁市鱼苗养殖场由场部、鱼苗培育场和汤头分场三个基地组成，其中场部主要作为销售基地，汤头分场主要作为生产基地。养殖场水源充足，水质优良，

适合从事淡水白鲳良种选育，现有标准化池塘共 120 亩，其中亲鱼培育池 30 亩、后备亲鱼培育池 10 亩、苗种培育池 30 亩、水泥培苗池 1000 平方米、生卵池 4 个、孵化环道 12 个。配套水质处理和控制系统、供氧系统、温控系统、饲料供应系统、检测系统等先进设备 40 台（套），科研实验室配备显微镜、解剖镜、净化工作台等十多台（套）先进科研仪器和检测设备。淡水白鲳在 18℃以上水温下才能存活，为完善淡水白鲳越冬设施，2015 年，养殖场投入 25 万元钻温泉井 2 口，建 80 立方米温泉水蓄水池 1 个，使养殖场淡水白鲳越冬池达到 47 亩（其中薄膜盖顶越冬池 7 亩，温泉水越冬池 40 亩）。

温泉水蓄水池及温泉管道

孵化环道

普宁市鱼苗养殖场技术力量雄厚。目前，养殖场现有在职员工27人，其中水产高级工程师1人，水产工程师2人及熟练技术工人一批。其中方启彬1992年毕业于厦门水产学院淡水养殖专业，2006年任普宁市鱼苗养殖场场长至今，2008年被评为水产养殖高级工程师，有着丰富的水产繁育实践经验。2009年，普宁市鱼苗养殖场与国家淡水渔业工程技术研究中心（武汉）签订技术合作协议，由国家淡水渔业工程技术研究中心每年派1～2名科研技术人员到养殖场协助开展淡水鱼类繁殖技术培训，完善淡水白鲳良种选育、保存技术方案和良种生产操作规程。

对比试验池

优选异地异源种质

普宁市鱼苗养殖场自1990年人工繁育成功以来始终注重做好淡水白鲳良种选育，通过对异地异源淡水白鲳亲鱼的养殖性能进行鉴定和评价，应用生化遗传学技术、生物工程技术与常规育种技术相关结合的综合育种技术，强化对淡水白鲳的优良品种选育，提高选育效率，育成具有优良经济性状的优新品种，推广养殖覆盖面积不断扩大，鱼苗产量逐年增加，苗种供不应求。1995年养殖场从广州嘉禾水产研究所、华南师范大学生物系养殖基地、海南省冠海良种水产开发有限公司引进淡水白鲳亲本200多对，2006年分别从海南省冠海良种水产开发有限公司、湛江市吴川鱼苗场和本场亲鱼105对，2015年，从茂名市茂南粤强良种繁育有限公司引进淡水白鲳亲鱼100对，采用异地异源雌雄交配原则，对不同来源的淡水白鲳鱼品系作完全杂交试验，做好淡水白鲳的提纯复壮工作，保存一大批性状稳定的淡水白鲳亲鱼，确保种苗质量。目前养殖场淡水白鲳亲本共 225 对（其中原场亲本 125 对，新引进亲本 100 对），后备亲鱼 1250 对，年繁育淡水白鲳鱼苗 8000 多万尾。

普宁市鱼苗养殖场不断完善淡水白鲳良种繁育的配套生产基地，通过人工繁育技术及配套养殖技术的研究，为大面积推广应用提供技术规范，实现淡水白鲳的产业化推广应用。2002 年养殖场编订了揭阳市农业地方标准《淡水白鲳养殖技术规范》，2006 年 11 月编订了广东省农业地方标准《无公害食品淡水白鲳养殖技术规范》《无公害食品淡水白鲳》。养殖场每年 6 月开始开始人工繁育淡水白鲳，10 月底淡水白鲳过冬前，养殖场会组织开展淡水白鲳养殖规范训练，提高工人技术水平，并依托农业部门开办培训班，向广大养殖户推广科学养殖知识。经过不断推广，养殖场淡水白鲳养殖覆盖深圳、惠州、汕尾、潮州及福建等地区，推广养殖面积 50000 公顷。

【相关阅读：良种选育技术方案】

为扩大遗传改良选育计划实施的覆盖面，采用异地异源雌雄交配原则，对不同来源的淡水白鲳鱼品系作完全杂交试验，对后代生产评估及抗病力测试。从鱼花到繁殖亲本经过 5 次选择，即在淡水白鲳生长的 1 龄鱼、2 龄鱼、3 龄鱼、4 龄鱼、5 龄鱼 5 个阶段是进行优选，主要的筛选标准是生长速度快、体质好、头小、体长、体色好个体。选择对比 6 个繁育组鱼苗生长情况，淘汰总体生长速度、体型、体色不佳的两个繁育组个体，保留下 4 个总体生长速度、体型、体色俱佳个体，作为后备亲鱼。

亲鱼培育。淡水白鲳的亲鱼池应选择水源充足，排灌及交通方便，靠近产卵池和环境安静的地方，池塘面积 2 ~ 3 亩，水深 1.5 ~ 2 米，底质平坦。每年 4 月初当水温回升并稳定在 20℃以上时，把集中在越冬池的亲鱼转入亲鱼池进行强化培育饲养。产卵期，每亩放养 20 ~ 30 尾，重量 200 ~ 250 千克，同时配养鲢、鳙成鱼 20 尾，以调节水质。

产卵期培育。每年 6—10 月为淡水白鲳亲鱼产卵期，一年可催产 3 次，最多可达 4 次。产前、产后和间隔期要强化培育，投放精、青饲料。精饲料以花生饼、黄豆、玉米粉和粗蛋白含量为 30% 的淡水白鲳亲鱼颗粒饲料。青饲料为麦芽、青菜叶、熟番薯等。每日投饲精饲料量应为亲鱼体质量的3%～4%，同时适当投入部分青饲料。投喂的方法应做到“定时、定位、定质、定量”。饲料应投放在设置的食台，投喂时间一般在下午。应注意观察水质，适当加水，每周冲水2次或采用增氧机使池水流动，防止缺氧。促进亲鱼食欲，达到性成熟。

越冬期培育。越冬池可利用温泉水或在池塘搭支架用薄膜覆盖进行加温保暖的办法，使水温保持在18℃以上，越冬池面积在1亩以上，越冬前鱼池应清理池底污物，用茶粕或生石灰消毒处理。初冬当池塘水温降至20℃前，即每年11月初将亲鱼转入越冬池。春末即每年3月底至4月初，当池塘水温回升至18℃以上后，亲鱼方可转出越冬池。亲鱼越冬池每立方米水体可放养2千克。越冬池内池塘要安装增氧机，防止缺氧浮头，使池水保持溶氧在3毫克/升以上，当水温在22℃以上时，适当投些精饲料，投喂量为鱼体质量的0.5%～1%。

人工繁殖催产。淡水白鲳是热带鱼类，每年夏初，当水温稳定在26℃以上的时候，白天光照不低于8小时，就可以开始人工繁殖催产，催产最适宜温度为26～32℃。亲鱼通过第二次注射4小时后，开始冲水，直到产卵结束，集卵箱鱼卵完全吸水后，及时收取放入孵化环道。

孵化。孵化采用环道池，进排水设施需用1厘米20目网布过滤，孵化用水要求水质清新无污染，溶氧5毫克/升以上，使用环道池孵化密度为每立方米水体放卵100万粒，孵化期间要注意控制水流，使鱼卵和出膜后的幼鱼均匀分布，不致沉积，经常检查，保证进出水畅通。

鱼苗孵出后4～5天，鱼鳔明显，游动活跃，可从环道池涝出下塘培育或销售。

鱼苗培育。鱼苗培育池放养前必须清塘消毒，使水质清新，池水肥而爽。每亩放养密度20万尾，鱼苗下塘后需投喂豆浆或花生粕。每天每亩用黄豆或花生粕3千克浸泡后磨成浆，分多次全池泼洒，5天后逐渐增加至5～8千克。加强管理，每天观察水质，看水决定施肥，一般每亩施粪肥25千克，注意捞除蛙卵、蝌蚪，防治水蜈蚣和野杂鱼进入鱼池。经20～25天培育长至3厘米左右，拉网分塘，按规格筛选分塘培育，成活率一般可达到80%。

淡水白鲳鱼种培育分两种模式，根据需要鱼种的规格确定投放密度。作为当年养成商品鱼的鱼种，每亩放养密度为2万～3万尾，经一个月时间，可达到8厘米左右。作为越冬的鱼种每亩放养密度10万～15万尾，经放养4个月时间达到 5 ~ 6 厘米转入越冬池。鱼种越冬池每立方米水体可放养 6 ~ 7 厘米的鱼种 250 尾。

淡水白鲳亲本

淡水白鲳鱼苗